—— 重塑老闆和專業經理人的動態關係 ——

雙向領導

謝日暉 著

professional manager

U0034660

在共識和創新中快速成長，建立互信共贏的新方向

老闆和專業經理人之間，如何建立不僅高效而且和諧的關係？

探索彼此的強項，共同補足弱點，打造無可匹敵的團隊力量！

從相互尊重到共同成長，揭開成功企業背後的領導智慧，

經理人和老闆，共同編織企業卓越與創新的未來篇章！

目錄

PART3
專業經理人需要怎樣的舞臺

序　經理人就是為老闆而生

　　若干年前，隨著經濟發展和現代企業制度的逐步建立，一批以知識和管理才能謀生的「高階職員」—— 專業經理人 —— 應運誕生了。經過這麼多年的發展，專業經理人也已經發展為一個龐大的群體。他們出現在各種類型的企業裡，為企業老闆分憂解難，為企業創造業績，甚至成為企業輝煌的大功臣。

　　但是，經理人與老闆的關係，卻一直是個沒有定論的話題：有人認為經理人就像是企業的保母，是老闆請來照顧企業的，老闆付給他們高薪，他們為企業帶來業績和利潤，各取所需，一旦企業不需要這個「保母」，經理人就得收拾東西走人。

　　有人說，老闆和經理人從本質上來說就是兩個截然不同的群體 —— 老闆是「肉食性動物」、經理人是「草食性動物」。老闆願意承擔風險去獲得更大的回報，而經理人更願意以低風險獲得穩定收入。

　　還有人說，老闆與經理人是互補且密不可分的利益共同體。沒有老闆提供企業這個舞臺或相應的資源，經理人就失去了存在的價值，因為他們正是隨著現代企業制度的發展而誕生的；同時，沒有經理人的辛苦奮鬥與衝鋒陷陣、沒有經理人的專業知識和能力，老闆也沒辦法發展，企業就無法走上現代化之路。

　　其實，如果從經理人誕生的根源來看，我更願意將老闆與經理人之間的關係總結為：經理人是為老闆而生的。因為經理人賴以生存和發展的舞臺和資源，都是老闆提供的，而在這個舞臺之上，老闆與經理人之間又有一種合作關係；如果經理人的能力足夠，他甚至也可以成為老闆的合作夥伴。

　　經理人制度發展了多年，我自己也在這個領域內浮沉多年。期間，我身為專業經理人，與老闆的關係有順利也有挫折；同時我也發現，老闆與經理人的關係處理，是讓很多老闆和經理人都很頭痛的問題。一些老闆和經理人因為找不到和平共事那個「標準」，往往都鬧得很不開心，經理人覺得委屈，老闆也覺得憋了一肚子氣。

　　我覺得，如果說經理人是為老闆而生的，那我們去反思經理人的想法和需求，或許就可以找到問題的解決辦法。當老闆與經理人換位思考，了解彼此的想法，可能就可以更加理解對方，也能夠更好地處理彼此的關係。

　　隨著中小企業的崛起，經理人的作用將更加突顯，所以老闆處理好與經理人的關係，也是企業發展的應有之義。希望所有的老闆都能找到適合自己的經理人，也希望所有的經理人都能找到賞識自己的老闆。我也更希望企業能夠在現有經理人制度的基礎上，借鑑大企業的經驗，探索新的激勵制度和人事機制，讓天下的老闆與經理人都和諧相處，共贏未來！

PART1
誰才是合格的專業經理人

什麼樣的經理人是合格的經理人，在每個老闆的心裡都有自己的答案。不過客觀而言，不管不同老闆之間的要求有什麼差異、不管企業的需求多麼不同，一個合格的經理人首先都必須具備專業知識、職業能力和職業道德，他才有可能在進入企業後充分發揮自己的能力並與老闆和平共事，換言之，只有那些適合老闆和企業的經理人才能稱得上是合格的經理人。

第 1 章
老闆為什麼需要經理人

　　這幾年，私人企業的發展速度驚人，企業的規模越來越大，企業的管理難度也與日俱增。當年靠著自己雙手打拚出一片天地的企業老闆，已經沒有辦法掌控企業的所有發展細節，他們迫切地需要專業的管理人才來幫助自己管理企業，以幫助企業快速擴張，因此，專業經理人很快就成為了老闆夢寐以求的人才資源。而對於專業經理人來說，他們接受過專業且全面的理論教育，擁有足夠的熱情，也擁有一定的能力為企業提升業績，但是他們也缺乏合適的舞臺和團隊。從根本上來講，老闆與專業經理人是一種互補的存在關係。

▶老闆的弱點

　　說專業經理人是老闆夢寐以求的人才資源，有若干原因，但首當其衝其實就是要彌補老闆的弱點。以中國為例，在近 40 年來，中國的私人企業從弱到強，經歷了一個迅速發展的過程。私人企業在發展之初，大多是靠著老闆的一己之力，或者是「夫妻店」的形式實現了跨越式的發展，但正

是這種發展形式，導致了私人企業的老闆天生就存在一些弱點，如圖 1-1 所示。

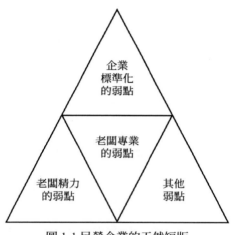

圖 1-1 民營企業的天然短版

企業標準化的弱點

　　企業從原始累積到資產達到一定規模，是一個艱難的過程，在這個過程中，很多老闆透過親戚、朋友、血緣關係等累積起了企業發展的第一桶金，有的企業老闆甚至是遊走在法律邊緣才獲得了自己的原始資本。當企業發展到一定規模的時候，它必然面臨著標準化和規模化發展的道路，否則，一個不遵循現代企業發展規則、不具備現代企業管理理念的企業，是很難實現快速擴張並基業長青的。

　　現代西方企業管理制度和規範引入的時間並不長，老闆們在企業發展初期並沒有深入接觸和學習這些制度和規範，

因此，對於自己的企業如何實現標準化發展，老闆們並不擅長，甚至可說是茫然的。

這個時候，如果有一批具有專業管理能力的專業經理人加入到企業的發展，勢必是非常不錯的選擇。

老闆精力的弱點

任何一個人都不是全能的，任何一個人的精力也不是無限的，這一點對老闆來說最為可怕。在企業發展初期，由於規模較小，老闆也還處在精力旺盛的狀態，所有事都可以掌控於手中；但隨著業務的增加、企業規模的擴大、社會經濟環境的變化等，老闆一個人的精力已經無法游刃有餘地應對企業的方方面面了，甚至，老闆的這個弱點還限制了企業的發展。

這個時候，尋求幫手就成了老闆的必然選擇。

老闆專業的弱點

老闆是人，會有自己的長處和不足之處、也會有專精的領域和不擅長的領域。比如有的老闆在創業時擅長銷售，當企業規模壯大時，他在管理、技術等領域就不夠專業，如果他繼續插手這些領域，勢必會影響到企業的發展；有的老闆是技術出身，對管理、行銷不擅長，如果他不懂裝懂，非要自己插手不可，那企業必然發展不長久。

　　而隨著市場細分和專業化的發展，專業性極強的專業經理人完全可以彌補老闆這些方面的不足之處。當然，面對企業擴張，老闆的弱點也會越來越多，面對自己的弱點，老闆唯有善於借力 —— 聘用專業經理人，才能讓企業持續發展下去。

▶老闆的需求

　　有這樣一個故事。

　　老闆和經理人來到一處深山，正要路過，卻聽店小二說，山頭上有隻大老虎，要想安全通過，最好是和其他人結伴而行。經理人聽到後，立刻運用自己的專業能力，評估了成本和風險，然後告訴老闆：「我們最好等一等，人多了一起走，這樣風險小。但是等待的成本是，您很可能會失去市場機會。」

　　老闆根據經理人的分析和評估，然後結合自己的判斷，告訴經理人：「你是專業人士，就算碰到了老虎，我們也能應對。如果打死了老虎，我們不但能獲得市場機會，還會額外收穫一隻老虎。」

　　從這個故事中，我們能非常明顯地看到老闆和經理人思維的差異，正是這種思維差異導致了老闆和經理人的不同需求。從老闆的角度來看，他有以下幾種需求，如下圖 1-2 所示。

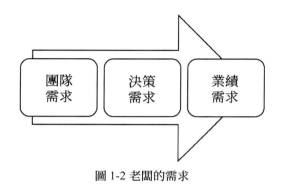

圖 1-2 老闆的需求

團隊需求

　　現今已經不是單打獨鬥的時代，企業的發展也不能依靠一人之力維持，尤其是企業發展到一定規模後，就得藉助於團隊和專業人員的力量。而經理人就是老闆最好的幫手，就像要過景陽崗的老闆一樣，在企業的發展過程中，老闆總需要有專業幫手來幫助自己衝鋒陷陣，沒有經理人這樣的專業人士，老闆面對未知的困難，也會缺乏勇氣；即使老闆有足夠的冒險精神，當他通過景陽崗時，也可能會遭遇面對老虎而無法處理的局面。「讓專業的來」，才是現代企業發展的應有之義。

決策需求

　　故事中，老闆在經理人的分析和評估基礎上決定說服經理人冒險一把，以博得更多的機會。經理人有專業能力，但是缺乏充分的冒險精神，而老闆有冒險精神，卻缺乏足夠的

專業評估能力，有了經理人的評估基礎，老闆的決策將會更有依據和把握。在很多企業的發展中，老闆往往是唯一的決策人，並且老闆的決策往往缺少專業分析和評估，在有些小企業發展的初期，老闆的獨斷專行對企業發展或許有利，但是到了企業發展中期，缺乏足夠專業的分析和評估而決策，企業就會面臨非常大、甚至是致命的風險。

業績需求

從最現實的角度來說，如果企業發展到一定規模，銷售出身的老闆還是整天在為企業的銷售業績奔波，那企業將如何發展？企業作為一個有系統的社會組織，方方面面的協調發展才是企業健康的形態，老闆持續插手某一方面的事務，勢必會影響公司其他方面的發展。再者，老闆在公司業績方面的貢獻未必就能超過一個專業經理人，因為經理人帶領的是一個專業團隊，而老闆的業績往往是靠一己之力；若再從專業角度來說，專業的專業經理人能夠心無旁騖地衝刺業績，而老闆卻要處理公司的大小事務。公司規模要快速擴張，就需要業績快速增長，專業的經理人就是老闆最好的選擇。

所以說，無論從哪個角度來看，老闆需要經理人，這是順其自然的事情，沒有一個單打獨鬥的老闆能夠讓企業持續發展。相對於老闆的團隊來說，經理人更加專業，也更有管理能力，而團隊能否發揮出最大的潛力，自然要看經理人的

管理能力，老闆負責宏觀策略，經理人負責管理和執行，這才是正常的企業發展狀態。

▶經理人的長處

正是經理人的專業能力、熱情和實力一次次吸引著老闆的青睞，讓老闆求賢若渴。我們既然說老闆與經理人是互補關係，那麼經理人的哪些長處吸引了老闆的眼光呢？

經理人的專業能力

這是經理人能夠吸引老闆最突出的優點。相比於老闆，經理人受過專業而系統化的理論教育，又經歷過企業的實踐，他們具有較強的學習能力，在企業需要系統標準化的過程中，他們往往更有發言權，也更能使企業融入經濟發展浪潮中。很多企業都是在引入專業經理人後，才逐漸建立起了標準的企業制度與完善的企業管理體系的。

經理人的熱情和潛力

經理人具備足夠的專業素養與遠大的職業理想，但卻缺乏能力發揮的舞臺，一旦企業提供舞臺給他們，經理人就能乘勢而起，發揮出自己最大的潛力，為企業的發展帶來驚人的業績。許多老闆都盼望著優秀的經理人來幫助自己發展企業，優秀經理人獨特的市場理念和睿智的實行，更是能成為其他經理人爭相模仿的典範。

　　經理人的長處和優勢非常多，在後面我們將詳細提到。總之，好的老闆是專業經理人追逐的對象，因為他們就像是經理人的伯樂；而好的經理人自然也是老闆追逐的對象，因為伯樂要找的是千里馬，有了他們老闆才會如虎添翼。

第 2 章
誰是合格的專業經理人

　　專業經理人的出現，是順應時代發展需求的。身為老闆最得力的幫手，專業經理人自身的能力和條件直接影響著企業能否健康發展。有的專業經理人在進入企業後，確實可以幫助老闆開啟局面，提升業績；但有的經理人在進入企業後，因為無法處理與老闆的關係、與下屬的關係，往往難以施展才能。人們不禁要問，經理人是不是真的就如老闆期盼的那樣，無所不能，是企業業績提升的致勝法寶？是不是所有的經理人都可以處理好各方面關係，讓整個企業和諧發展？其實答案是顯而易見的。許許多多的企業案例告訴我們，只有讓合適的經理人進入合適的企業，並找到合適的老闆，這個經理人的能力才能得到最大程度的發揮；同樣地，老闆也只有找到適合企業、適合自己的經理人，企業的發展才會得心應手。

　　那誰才是合格的經理人呢？

▶具備紮實的專業能力

　　一個合格的經理人，需要具備方方面面的條件。在這些條件中，經理人的專業能力是所有條件的基礎（如圖 1-3 所

示）。老闆之所以青睞經理人，就是因為經理人具有老闆不具備的專業能力，如果經理人連紮實的專業能力都不具備，那他是無法說服老闆聘用他的。比如主管銷售的經理人，如果凡事還是要靠老闆親自出馬，那這個經理人的價值就根本無法展現；如果這個經理人沒有系統化梳理銷售基礎和管理基礎的能力，不懂得打造行銷平台，沒有系統化提升銷售業績的能力，那他是根本無法勝任行銷經理這個職位的。

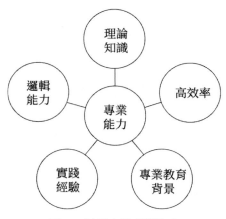

圖 1-3 經理人的專業能力

　　紮實的專業能力還包括過人的做事效率，只有做事效率高的人才能在同樣的時間內創造出更大的價值。效率高是一個人能力的展現，也是一個合格經理人的基本條件。

　　俗話說「沒有金剛鑽，就不攬瓷器活」，專業經理人的專業能力，就是他們的金剛鑽。明星經理人，無一不是具備過人專業能力的，他們思維敏捷、辦事迅速認真，無論決策

還是執行都有極高的效率，所以，經理人的專業能力是經理人的立身之本，拋開專業能力而論其他，是行不通的。

▶出色的團隊領導能力

經理人有內部提拔和「空降」兩種形式。所謂內部提拔，就是通過公司的晉升制度和管道提拔有能力的人擔任企業的經理職位；而「空降」是指企業透過外部管道聘用外部人員擔任經理職位。相比於內部提拔人員，「空降部隊」融入團隊的困難比較大，畢竟對企業的情況與人員構成等不熟悉，但這也正是老闆考驗經理人團隊領導能力的機會。

出色的團隊領導能力，首先表現在經理人快速融入陌生團隊的能力。某大型集團曾經聘用了一位能力非常強的經理人，這位經理人擁有國外留學的背景，專業能力非常強，走馬上任後，為了能夠快速掌控公司的局面，他沒有設法快速融入原有團隊，而是採取更換團隊人員的方式，他將公司舊有的團隊人員調職或者辭退，並在主要職位換上自己的人馬。乍看之下這位經理人是掌控住了整個局面，並且很快地融入到了「新」團隊之中，但這種方式有利有弊，且總體來說弊還大於利。

因為更換人馬本身就意味著這位經理人無力融入和掌控原有的團隊，他的團隊領導能力是值得懷疑的；另外，在主要職位上安排自己的人馬，老闆是絕對不會答應的，因為這涉及企業穩定的問題。

　　出色的團隊領導能力，還表現在溝通能力、激發團隊潛力和人心凝聚等方面，將在後面詳細探討。總之，團隊領導能力是一個專業經理人的必備條件，經理人自身的才能並不是僅靠自身施展出來的，而是要靠團隊來發揮。沒有團隊領導能力，再強的專業能力也無法得到充分的發揮。

▶渾身正能量

　　對於企業這個龐大的組織來說，正能量是促使它健康快速發展的重要力量。那些走邪門歪道、以欺瞞拐騙為生存方式的企業，會很快消亡的，如前幾年倒閉的某集團，又如那些以環境汙染為代價的企業，都在社會的發展中被淘汰了，而那些具備正能量的企業，則發展迅速，成績喜人。

　　要使企業具備正能量，企業的領導人就必須率先以身作則。經理人身處企業的管理層，他的言行舉止都深刻地影響著企業員工、也反映著企業的文化。

　　某企業曾經聘用過兩任經理人。

　　第一任經理人的專業能力非常強，在企業的制度建設方面也非常有手段。他有一套獨到的企業文化建設理念，在企業裡面的個人影響力也很大，可以說，他在業務能力和團隊領導能力方面是非常勝任這個職位的，在其任職期間，企業的業績出現了很大幅度的增長。但這位經理人的不足是「正能量缺乏」：他為人比較自私，時刻維護個人利益。在面對

工作上，只要一下班，老闆和員工就找不到他了；對待下屬，他則非常嚴苛，非常不人性化。經理人這樣的行為自然也影響到了下屬員工的行為，在第一任經理人任職期間，公司的員工也慢慢變得比較自私、不敬業。老闆只能無奈地解聘了這位經理人。

第二任經理人的能力也非常強，他的執行力非常有效率，做事也非常積極，尤其是他的交際能力，老闆也非常認可。但是這一任的經理人也有一個毛病，那就是做事優柔寡斷，缺乏判斷力和魄力。在帶領團隊時，他往往是一個老好人的角色，團隊內部賞罰不分明，有些員工犯了錯，他一再遷就；一旦遇到重要的事情需要他做出決策，他就會變得優柔寡斷，甚至拖延。經理人這樣的行為自然也影響到了員工，呈現出嚴重的拖延症，而因為賞罰不明，也導致團隊內部不團結，甚至是拉幫結派。當然，老闆也無法容忍，在不久後也辭退了這位經理人。

從上面的例子來看，經理人自身的正能量非常重要。身為團隊的領導者，如果自身都無法積極向上，怎麼可能奢望員工自己主動向上呢？所謂「上有所好，下必甚焉」，經理人的言行舉止就是下屬員工的典範，只有經理人敬業、熱情、積極和充滿熱情，下屬員工和團隊才能生氣蓬勃，充滿活力。

當然，正能量涵蓋的範圍很廣，它不但表現在經理人和團隊下屬之間，更表現在經理人和老闆之間。經理人和老闆要擁有相同的價值觀、共同的目標和理想、強烈的事業

心等。只有這樣，從老闆到下屬員工，正能量才能夠一以貫之，企業的發展才更有後勁。

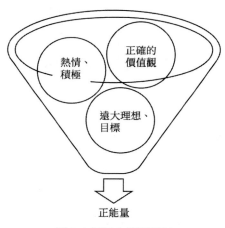

圖 1-4 經理人的正能量

▶情緒克制能力 [1]

　　一個卓越的領導者，往往是情緒控制的高手。身為經理人，在工作中不但要面對下屬，還要面對老闆，當出現溝通不暢或者工作遇阻時，經理人首先應該做的就是克制自己的情緒，然後冷靜尋求解決辦法。

　　有的經理人在遇到溝通不暢時，往往會生氣發怒，甚至是吵架。尤其是面對老闆的誤解時，經理人更是感覺委屈異常。如果在這個時候不能很好地克制自己的情緒，那就會加劇矛盾，導致關係和感情破裂。

---

[1]　可參看第 29 頁「艾森克情緒穩定性評量」。

有的經理人情緒波動很大，遇到喜事高興得手舞足蹈，遇到不順垂頭喪氣，這樣的經理人對整個團隊的氣氛影響是很大的，有時候會導致人心渙散，團隊執行力直線下降。

所以，一個合格的經理人，必須是情緒克制的高手，要做到感情不露於外、遇事不慌，沉著冷靜地處理問題，這樣的經理人才能夠成就大事。

▶工作價值觀 [2]

工作價值觀通俗地來說，就是要求管理者在管理工作中通過樹立整體的價值觀引導員工向著積極、健康的方向發展，這樣可以改善員工的工作心態，尤其是會影響個體對工作相關事情的選擇和評價，如圖 1-5 所示。

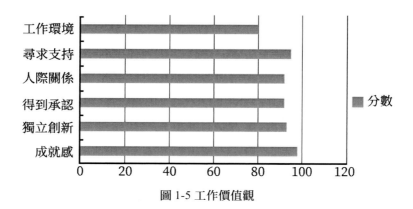

圖 1-5 工作價值觀

---

[2] 工作價值觀，指超越具體情境，引導個體對與工作相關的行為與事件進行選擇和評價，指向希望達到的狀態與行為的一些重要性不同的觀念與信仰。

　　注：本圖為某經理人模擬工作價值觀的評量圖。其中，成就導向價值觀放在第一位的人希望在所從事的工作中能夠盡量施展自己的才能，看到自己的努力付出能夠收穫碩果，在工作中獲得成就感是他們工作的最大動力來源；尋求支持價值觀放在第一位的希望所在的公司能夠為員工提供支持；人際關係價值觀放在第一位的人希望在工作中和同事保持良好的人際關係等。

　　同樣的一份工作，由不同的人來做，其工作價值觀的選擇是不一樣的。對於成就導向的人來說，其工作的很大一部分動力就是源於才能施展的欲望；對於金錢導向的人來說，他工作就是為了獲得一份薪水和獎金；而對於興趣導向的人來說，做這份工作純粹是興趣使然，對於金錢看得比較淡。

　　所以說，一個經理人的工作價值觀影響著他對工作的選擇和評價，而合格的經理人一定是企業和個人兼顧的。

　　以上，只是從宏觀的幾個方面探討了一個合格專業經理人的必備條件。對於老闆來說，在選擇專業經理人的時候，如何才能選到適合自己的經理人呢？除了考察上面這些基本的要素外，老闆還可以透過一些量化的方式來測試專業經理人，準確掌握經理人的各項能力和條件，為自己挑選經理人提供較多的依據。

　　當然，在生活中我們也發現有這樣的現象：有的專業經理人在從業一段時候後，選擇了創業，而創業又是極為失敗

的，最後不得已又開始步入專業經理人的行列。那麼，到底誰是最好的老闆？誰又是最合適的專業經理人呢？透過下面的這張量化測試表，或許就能看得更清楚。

▶專業經理人綜合能力評量表 [3]

測試一：經理人個性特質測量表

一、完整評量問卷

　　請回答下列 210 個問題，以「是」或「否」來回答。回答時可以另找一張紙，選擇答案為「是」時，在題後畫「＋」，選擇答案為「否」時，在後面畫「－」。如果你覺得很難在「是」或「否」中選擇，那麼就以「？」做標記。答題時最好快一點，不要在每個問題都思考過久。有些問題看上去是重複的，但這是刻意安排的，這些具有細微差別的題目，反映的是同一個個性特點。

1. 當你參與某些需要行動迅速的活動時，你會感到愉快嗎？
2. 你是否喜歡經常外出？
3. 你是否喜歡富於變化且有機會出差旅遊的工作，甚至帶有危險性或不安全性的工作？
4. 你是否喜歡一開始就把事情計劃好？
5. 看體育比賽時，你安靜地坐著嗎？

6. 你是否喜歡獨自冥想？

7. 你是否覺得自己責任心過強？

8. 在缺乏活動性的工作中，你是否會變得不耐煩？

9. 你是否時常需要知心朋友使你振奮起來？

10. 你很樂意冒險嗎？

11. 通常你能很快下決定嗎？

12. 當看喜劇電影或搞笑劇時，你比別人笑得更大聲嗎？

13. 你是否經常停下手中正在做的事情對它進行全盤的考量？

14. 你是否經常準時赴約？

15. 上樓時你是否總是一次跨兩級臺階？

16. 一般來說，你是否寧願獨自看書，也不願意和別人相處？

17. 晚上你是否仔細地鎖好門？

18. 你的興趣經常改變嗎？

19. 你是否容易生氣，也容易消氣？

20. 你是否經常思考人生存在的意義和價值？

21. 你是否信守這樣的格言：值得做的事情就值得做好？

22. 當你坐車時，因為交通擁擠導致車開得很慢，你是否覺得很難受？

23. 當你和一群人在一起時，你是否很健談？

24. 你是否認為小孩子一定要學會自己過馬路？

25. 在做出決定之前，你是否仔細權衡利弊？

26. 在看煽情電影時，你容易掉淚嗎？

27. 你是否常常試圖尋找別人行為的潛在動機？

28. 你是否總能受到別人的信賴？

29. 你的動作是否緩慢、審慎？

30. 你經常去參加舞會，並能盡情享受嗎？

31. 儘管不走運，你是否認為碰一下運氣是值得的？

32. 你是否常常憑一時衝動買東西？

33. 面對緊急情況時，你是否能保持平靜？

34. 比起社論，你是否更願意看報紙上的體育專欄？

35. 你是否喜歡順其自然地生活？

36. 你是否通常比別人吃飯吃得快，即使沒有必要著急？

37. 你是否非常討厭在一群人中開某人的玩笑？

38. 當你搭火車時，你是否常常車快要抵達了才去？

39. 你是否知道下一個假期你將幹什麼？

40. 當你從文章中看到落後國家的生活狀況時，你是否覺得不舒服？

41. 你是否很難靜下來分析自己的思想和感情？

42. 你是否經常把事情留到非做不可的時候才做？

43. 別人把你看作一個充滿生氣的人嗎？

44. 你是否非常喜歡與人們交談，以至於從不放過與陌生人交談的機會？

45. 沒有冒險的生活，對你來說是否太乏味了？

46. 你能很快地做出決定嗎？

47. 你能很好地控制自己的脾氣嗎？

48. 你是否渴望學習一些東西，即使它們與你的日常生活
　　無關？

49. 你是否偶爾有「凡事順其自然」的傾向？

50. 你是否常常忙個不停？

51. 如果你要辦一件事，你是否寧願寫信也不打電話？

52. 你有定期儲蓄嗎？

53. 你是否由於事前思慮不周而把事情弄得一團糟？

54. 音樂是否使你陶醉？以至於當你聽到音樂時就手舞
　　足蹈？

55. 你喜歡做智力測驗嗎？

56. 你是否很難做那種需要持續集中注意力的工作？

57. 你是否喜歡發起和策劃業餘活動？

58. 你是否喜歡自己一個人待著？

59. 你喜歡騎快車嗎？

60. 說話或做事時，你是否從不在中間停下來去思考？

61. 你是否更喜歡聽早期古典音樂，而不願聽搖滾和爵士樂？

62. 你是否常沉溺於思考某一問題，非找到答案不可？

63. 你是否覺得萬事開頭難？

64. 一般來講，你是否在一項新計畫或工作開始時熱情
　　十足？

65. 在與人交往的過程中，你是否非常輕鬆自如而又自信？

66. 你是否會在很有把握獲得一項新工作時才放棄舊工作？

67. 在做任何事情之前，你是否常常對事情仔細地考量一番？

68. 你喜歡開別人的玩笑嗎？

69. 看了一場電影或一場戲之後，你是否喜歡在腦子裡回想一遍？

70. 你是否常常丟三落四？

71. 當你和別人一起走路時，他們是否感到很難跟上你的步伐？

72. 你是否比多數人更為冷淡和沉默寡言？

73. 那些開車謹慎小心的司機，是否會讓你感到不耐煩？

74. 你是否常訂定計畫而很少實行？

75. 75.「對酒當歌，人生幾何？」你贊同這種說法嗎？

76. 你是否常常沉湎於遐想之中，以至於不知道周圍發生的事情？

77. 一般來說，你是否是個無憂無慮的人？

78. 無論工作還是娛樂，別人是否覺得跟不上你的步調？

79. 你喜歡和很多人交往嗎？

80. 在新的環境中，你是否更為謹慎？

81. 你是一個容易衝動的人嗎？

82. 你是否經常指出朋友的缺點和毛病？

83. 你闖過紅燈嗎？

84. 你喜歡寫評論文章嗎？

85. 你是否喜歡從一項活動很快地轉入另一項活動，而中間幾乎沒有停歇？

86. 你是否很容易結識同性朋友？

87. 是否任何事你幾乎都敢試一試？

88. 你更喜歡即興的活動，而不喜歡事前安排好的活動嗎？

89. 如果你到羅馬去觀光，且正值狂歡節，你是否寧願在旁邊觀看，而不願加入狂歡行列？

90. 遇到新觀點時，你是否總是先分析它們和自己的觀點有什麼區別嗎？

91. 一般來講，你是否以一種嚴肅、負責的態度去對待人生？

92. 你是否經常急於趕到所要去的地方，儘管時間很充裕？

93. 你喜歡對朋友們講笑話或故事嗎？

94. 買東西時，你是否總是檢查一下產品說明書或保證書？

95. 當你和陌生人接觸時，你能很快地判斷你是否喜歡他們嗎？

96. 當音樂會或節目結束時，你是否總是最後一個停止鼓掌？

97. 你曾嘗試寫詩嗎？

98. 你被認為是一個容易相處的人嗎？

99. 你是否常常感覺疲憊而無心做事？

100. 你喜歡和小孩子們談天、玩遊戲嗎？

101. 你是否覺得人們為將來打算所花的時間太多了？

102. 你是否常憑一時衝動做事？

103. 你能很容易地和家人討論你的私事嗎？

104. 你是否喜歡做那種需要查閱大量文獻的研究？

105. 做事時你是否從不食言，儘管此事可能很困難？

106. 週末你喜歡睡懶覺嗎？

107. 當要進入一個陌生人的屋子時，你是否感到很緊張？

108. 你定期去做身體檢查嗎？

109. 如果可能的話，你喜歡過一種每天都平淡的生活嗎？

110. 你是否參加過某一業餘劇組或音樂小組？

111. 你是否天天看報紙？

112. 在工作中，你是否有時粗心大意？

113. 節假日裡，你是否喜歡安閒自在地休息一下，而不願安排許多事情忙忙碌碌？

114. 你是否強烈地感覺到，如果你生活在一個孤島上，也許會更快樂些？

115. 你出去旅行時非常注意安全嗎？

116. 你喜歡做節奏快的工作嗎？

117. 如果你覺得你的態度和意見會傷害他人的話，你是否就不說出來？

118. 你是否樂於猜謎解題，儘管它毫無意義？

119. 你接到信件後就立刻回信嗎？

120. 你走路時是否總是步態悠閒？

121. 當別人的身體和你靠得太近時，你是否感到不舒服？

122. 你是否有時候喜歡和別人打賭？

123. 你是否喜歡參與某事，然後又希望從中擺脫出來？

124. 討論時，你是否很留心遣詞造句？

125. 你是否非常沉溺於作夢，以至於你的朋友稱你為夢想家？

126. 一般來講，你對未來不太關心嗎？

127. 早上起來時，你是否很迅速地穿好衣服？

128. 讓各種人都喜歡你，對你來說很重要嗎？

129. 你是否認為冒險是生活的調味料？

130. 你是一個對人對事不很苛求的人嗎？

131. 某人惹火了你，你是否要等到冷靜下來再去找那人解決問題？

132. 參觀歷史古蹟時，你是否為之驚嘆和激動？

133. 你能問心無愧地說你比大多數人都守信用嗎？

134. 你是否常常精力充沛？

135. 在社交集會中，你是否喜歡主動把自己介紹給陌生人？

136. 你是否同意這種說法：無債一身輕？

137. 旅行時，你是否喜歡把路線、時間計劃好？

138. 你能長時間地保守一個令人激動的祕密嗎？

139. 你是否經常和朋友們討論社會、政治問題以及解決辦法？

140. 當早上需要在某個時間早起時你調鬧鐘嗎？

141. 你是否經常感到疲憊和無精打采？

142. 你是否樂於花一整個晚上和一個與你興趣相投的朋友聊天，也不去和一大堆人跳舞？

143. 你為債款而擔憂不安嗎？

144. 你說話時不太思考嗎？

145. 當你說話說得興奮時，是否會手舞足蹈？

146. 你是否看一整個晚上的書？

147. 你是否重視奉行這樣的準則：「勞於先而享樂後」？

148. 你是否喜歡把時間安排得滿滿的？

149. 對社會問題，你是否持中立態度？

150. 和朋友過馬路時，你是否發現你總是很快就過去了，而你的朋友還在馬路那邊？

151. 你是否覺得臨時決定晚上出門更有活力？

152. 如果不同意某人的觀點，你是否立即表示異議？

153. 在看電視時，你是否寧願看喜劇片，而不願意看新聞報導？

154. 在選舉中，你是否覺得選誰都無所謂？

155. 別人每天做的事情似乎都比你多嗎？

156. 你是否喜歡一個人玩的遊戲，如猜謎、單人紙牌？

157. 你是否認為人們誇大了吸菸導致癌症的可能性？

158. 你是否為新奇、令人激動的想法所吸引，以至於不思考可能會出現的困難？

159. 你是否覺得讓你做即興演講簡直不可能？

160. 你是否認為分析自己的道德價值體系毫無意義？

161. 上學時，你是否偶爾翹過課？

162. 許多時候，你只願意坐著，而什麼也不想做嗎？

163. 只要可能，你就想要避開人們嗎？

164. 在簽署一份合約之前，你是否總是小心地閱讀其中的說明文字？

165. 你喜歡把事情推到不得不做的時候再做嗎？

166. 你是否總是做出一些令人吃驚的事，儘管你不是有意這樣做的？

167. 你是否喜歡讀嚴肅且富有哲理的小品文？

168. 你是否有時候喝得醉醺醺的？

169. 你是否更喜歡觀賞體育運動，而不喜歡自己親身參與運動？

170. 如果你受到限制不能進行廣泛的社會接觸，你是否感到很難受？

171. 當你坐飛機、火車或汽車旅行時，你是否會選擇一個你認為安全的座位？

172. 你是否更喜歡注意力高度集中的工作？

173. 你是否希望能無拘無束，日子過得快活些？

174. 你是否認為規劃理想社會與「烏托邦」完全是浪費時間？

175. 你是否寧願尋找廚餘桶，也不把廢物隨手扔在馬路上？

176. 你常常午睡嗎？

177. 你是否更喜歡跟夥伴一起娛樂，而不願單獨一個人消遣？

178. 在海邊，你是否很小心地在安全區內游泳？

179. 為防止麻煩，你是否需要做極大的自我控制？

180. 向一個陌生人問路時，你是否很猶豫？

181. 對於「未來的生活會是什麼樣」這類討論，你是否感到很煩？

182. 你定期檢查牙齒嗎？

183. 等人的時候，你心情是否很煩躁？

184. 你喜歡有很多活動嗎？

185. 在遊樂場，你是否避免坐很刺激的雲霄飛車？

186. 當你要買一件很貴的東西時，你是否很有耐心地存了一段時間的錢？

187. 如果你絆了一跤，或者被錘子砸到手指，你是否會大聲地咒罵？

188. 你是否喜歡動手的工作，而不喜歡抽象思維的工作？

189. 你是否有時裝病，以逃避不愉快的責任？

190. 如果你必須等幾分鐘才能搭到電梯，你是否乾脆自己爬樓梯？

191. 你是否樂於逗別人開心？

192. 外出旅行時，你是否仔細檢查你的行李？

193. 你是否認為做事情先做好計畫就失去了生活趣味？

194. 當你談及你朋友的事情時，你是否有誇大其詞、加油添醋的傾向？

195. 你是否喜歡考古學或者古代史之類的博物館？

196. 你是否覺得為自己晚年做精打細算毫無意義？

197. 通常你做事的效率高嗎？

198. 選舉時，你的關注對象是否只限於你認識的幾個人？

199. 赴約時，你是否留有充裕的時間？

200. 你是否非常討厭大排長龍？

201. 你是否喜歡色彩艷麗的現代畫，而不喜歡精雕細琢的古典畫？

202. 你是否認為人類探索外太空存在什麼是徒勞無益的？

203. 如果在路上撿到一件值錢的東西，你是否把它交給警察？

204. 你是否感到精力過剩？

205. 你與別人在一起時，是否經常感到不自在？

206. 你是否認為社會保險是個很好的構想？

207. 你是否比多數人更容易厭倦做同一件事？
208. 你是否愛買一些小禮物送人，儘管沒有什麼明確的理由？
209. 你是否花很多時間思考你走過的道路與目前的選擇？
210. 你是個隨遇而安的人嗎？

二、答案分析

計分方法及說明：

　　比照答案紙下面各個計分表的評分標準，計算出每個題目的得分。當答案的符號（＋或－）與下面評分標準的符號（＋或－）相一致時，得1分，不一致時得0分，「？」則得0.5分。

項目	說明
(1) 活動性 1+43+85+127+169- 8+50+92+134+176- 15+57+99-141-183+ 22+64+106-148+190+ 29-71+113-155-197+ 36+78+120-162-204+	高分—活動型—外向：顯著外向。特點為好動而精力旺盛，喜歡各種身體活動，也能從一項活動迅速轉為另一項活動，興趣廣泛，工作努力。 低分—非活動型—內向：顯著內向。安靜、懶散，容易疲勞，做事慢慢吞吞，喜歡悠閒安靜。
(2) 社交性 2+44+86+128+170+ 9+51-93+135+177+ 16-58-100+142-184+ 23+65+107-149+191+ 30+72-114-156-198- 37-79+121-163-205-	高分—社會型—外向：樂於與人交往，喜歡社會活動，在社交場合感到愉快、自在，易予人交友。 低分—非社會型—內向：只想要有幾個知心朋友，喜歡獨處，在社交場合感到局促不安，試圖避開。

(3) 冒險性	
3+45+87+129+171– 10+52–94–139–178– 17–59+101–143–185– 24+66–108–150+192– 31+73+155–157+199– 38+80–122+164–206–	高分——冒險型——外向：喜歡冒險的生活，認為生活中不能缺少冒險，樂於從生活中尋找樂趣，而不過多考慮不利後果。 低分——謹慎型——內向：喜歡熟悉的、安全的和有保障的生活環境，寧願平淡無奇，缺乏新鮮感，這一特點與後面「尋求刺激」關係密切。
(4) 衝動性	
4–46+88+130+172– 11+53+95+137–179+ 18+60+102+144+186– 25–67–109+151+193+ 32+74–116+158+200+ 39–81–123+165–207+	高分——衝動型——外向：愛憑一時衝動行事，常心血來潮，匆忙做出不成熟的決定，通常無憂無慮，愛給人變化不定的印象。 低分——控制型——內向：在做出決定前反覆思考，考慮周密、計畫周到、循規蹈矩、謹小慎微、瞻前顧後。
(5) 表露性	
5–47–89–131–173– 12+54+96+138–180– 19+61–103+145+187+ 26+68+110+152+194+ 33–75+117–159–201+ 40+82+124–166+208+	高分——表露型——外向：感情用事、多愁善感，富有同情心，情緒表露在外，容易激動、喜怒不定，好表現自己。 低分——掩飾型——內向：冷靜客觀，善於控制自己的思想和情感的外露。表露性過高也說明情緒不穩定，容易妄想。
(6) 理智性	
6+48+90+132+174– 13+55+97+139+181– 20+62+104+146+188– 27+69+111+153–195– 34–76+118+160–202– 41–83+125+167+209–	高分——理智型——內向：對觀念、抽象事物、哲學問題感興趣，以求知、鑽研為目的，善於思考與內省。 低分——缺乏理智型——外向：注重現實，樂於行動而不願做過多思考。

(7) 責任感	
7+42−77−112−147+182+ 14+49−84−119+154−189− 21+56−91+126−161+196− 28+63−98+133+168−203+ 35−70−105+140+175+210−	高分—責任型—內向：認真謹慎、穩重可靠，責任心強。 低分—缺乏責任型—外向：過於隨便、漫不經心、不拘小節，缺乏社會責任感，常不守信，難以預測。

　　計算完每個計分表的得分後，可以參照上表中的文字說明來解釋分數的含義。同時，結合下表即可以看出你的個性特點。

	外向	內向	
活動型	17～30	1～16	非活動型
社會型	17～30	1～16	非社會型
冒險型	16～30	1～15	謹慎型
衝動型	18～30	2～17	控制型
表露型	12～28	2～11	掩飾型
缺乏理智型	2～17	16～30	理智型
缺乏責任型	0～14	15～30	責任型

測試二：領導方式傾向測量表 [4]

一、題目：

1. 你喜歡經營咖啡館、餐廳之類的生意嗎？是□不是□

2. 平時把決定或政策付諸實施之前，你認為有說明其理由的價值嗎？是□不是□

3. 在領導下屬時，你認為與其一方面跟他們工作，一方

[4] 摘選自網路。

面監督他們，不如從事計劃、草擬細節等管理工作。
是□不是□

4. 在你管轄的部門有一位陌生人，你知道那是你的下
屬最近錄用的人，你不介紹自己而先問他的姓名。
是□不是□

5. 流行風氣接近你的部門時，你當然讓下屬追求。
是□不是□

6. 讓下屬工作之前，你一定把目標及方法提示給他們。
是□不是□

7. 與部門員工過分親近會失去下屬的尊敬，所以還是遠離
他們比較好，你認為對嗎？是□不是□

8. 郊遊之日到了，你知道大部分人都希望星期三去，但是
從多方面來判斷，你認為還是星期四去比較好，你認為
不應自己作主，還是讓大家投票決定好了。是□不是□

9. 當你想要你的部門員工做一件事時，即使是一件按鈴召
人即可的事，你一定會以身作則，以讓他們可以效法。
是□不是□

10. 你認為要革一個人的職並不困難？是□不是□

11. 越能夠親近下屬，越能夠好好領導他們，你認為對嗎？
是□不是□

12. 你花了不少時間擬定了解決某個問題的方案，然後交給一個
下屬，可是他一開始就挑該方案的毛病，你對此並不生氣，

　　但是對於問題依然沒解決而覺得坐立不安。是□不是□

13. 充分處罰犯規者是防止犯規的最佳方法，你贊成嗎？
　　是□不是□

14. 假定你對某一情況的處理方式受到批評，你認為與其宣
　　布自己的意見是具有決定性的，不如說服下屬請他們相
　　信你。是□不是□

15. 你是否讓下屬為了他們的私事而自由地與非公司成員往
　　來？是□不是□

16. 你認為你的每個下屬都應對你抱忠誠之心嗎？
　　是□不是□

17. 與其自己親自解決問題，不如組織一個解決問題的委員
　　會，對嗎？是□不是□

18. 不少專家認為在一個群體中發生不同意見的爭論是正常
　　的，也有人認為意見不同是群體的弱點，會影響團結。
　　你贊成第一種看法嗎？是□不是□

二、參考答案：

　　　如果 1、4、7、10、13、16 題答「是」多，說明具有專
制型傾向；

　　　如果 2、5、8、11、14、17 題答「是」多，說明具有民
主型傾向；

　　　如果 3、6、9、12、15、18 題答「是」多，說明具有自
由放任型傾向。

測試三：艾森克情緒穩定性測驗

一、完整試題

　　艾森克（Hans Eysenck）是英國倫敦大學心理學教授，當代最著名的心理學家之一，編制過多種心理測驗。情緒穩定性測驗可以被用於診斷是否存在自卑、憂鬱、焦慮、強迫症、依賴性、疑心病觀念和罪惡感。

　　下面共有 210 個題目，請你逐一在答案紙上做答。你可以在「是」「否」「不好說」3 個答案中選擇一個，用鉛筆圈出你的選擇。請你盡量選擇「是」和「否」，且不要過多地思考每個題目的細微意義，最好根據自己的第一感受來回答。

1. 你認為你能像大多數人那樣行事嗎？
2. 你似乎總碰到倒楣事？
3. 你比大多數人更容易臉紅嗎？
4. 有一個想法總在你腦中反覆出現，你想打消它，但是辦不到？
5. 你有想戒而戒不掉的不良嗜好（如吸菸）嗎？
6. 你是否總是感覺良好並精力充沛嗎？
7. 你常常為罪惡感而煩惱嗎？
8. 你是否覺得有點驕傲？
9. 早上醒來時，你是否經常感到心情鬱悶？

10. 即使煩惱的時候，你也極少失眠嗎？

11. 你時常感到時鐘的滴答聲十分刺耳、難以忍受嗎？

12. 對於那種看上去你很在行的遊戲，你想學會並享受其中的樂趣嗎？

13. 你是否食欲不佳？

14. 在你實際上沒有錯的時候，你是否常常尋找自己的不是？

15. 你常常覺得自己是一個失敗者嗎？

16. 總的來說，你是否滿足於現在的生活？

17. 你通常是平靜、不容易被煩擾的嗎？

18. 在閱讀的時候，如果發現標點符號有錯，你是否覺得很難弄清句子的意思？

19. 你是否透過鍛鍊或限制飲食來有計畫地控制體形？

20. 你的皮膚非常敏感和怕痛嗎？

21. 你是否有時覺得你所過的生活令你的父母失望？

22. 你為你的自卑感到苦惱嗎？

23. 在生活中，你是否能發現許多愉快的事？

24. 你是否覺得你有很多無法克服的困難？

25. 你是否有時強迫自己洗手，儘管你明明知道你的手很乾淨？

26. 你是否相信你的性格已由童年的經歷所決定，所以無法改變？

27. 你是否時常感到頭腦發暈？

28. 你是否覺得你犯了不可饒恕的罪過？

29. 總的來說，你是否很自信？

30. 有時你不在乎將來怎樣？

31. 你是否總感到生活十分緊張？

32. 你有時為一些細微末節的小事總纏繞在腦中而煩惱嗎？

33. 不管別人怎麼說，你總按自己的決定行事嗎？

34. 你比多數人更容易感到頭痛嗎？

35. 你常有對自己的所作所為進行懺悔的強烈意願嗎？

36. 你是否常常希望自己是另外一個人？

37. 平時你感到精力充沛嗎？

38. 你小時候害怕黑暗嗎？

39. 你是否熱衷於某種迷信儀式，以避免走路發出噼啪聲等
　　諸如此類不吉利的事？

40. 你覺得控制體重困難嗎？

41. 你是否有時感到面部、頭部、肩部在抽搐？

42. 你是否常覺得別人非難你？

43. 當眾講話是否使你感到很不自在？

44. 你是否曾經無緣無故地覺得自己很悲慘？

45. 你是否常常忙忙碌碌似乎有所求，實際上不知所求？

46. 你常擔心抽屜、窗戶、門、箱子等東西是否鎖好嗎？

47. 你是否相信上帝、命運等超自然的力量控制著你的生老
　　病死？

48. 你很擔心自己得病嗎？

49. 你是否相信此時此刻所得的幸福，最終不得不償還？

50. 如果可能的話，你將在許多方面改變自己嗎？

51. 你覺得自己前途樂觀嗎？

52. 面對艱難的任務，你是否會發抖、出汗？

53. 上床睡覺之前，你常按流程檢查所有的電燈、用具和水管關好沒有嗎？

54. 如果事情出了差錯，你是否常把它們歸結為運氣不佳，而不是方法不當？

55. 即使你認為自己僅僅是著涼了，你也一定要去看病嗎？

56. 你很關心自己是否比周圍大多數人都生活得好嗎？

57. 在一般情況下，你是否覺得自己頗受大家歡迎？

58. 你是否有過自己不如死了好的想法？

59. 即使知道對你不會有傷害，你也對一些人或事擔驚受怕嗎？

60. 你是否小心翼翼地在家裡儲存了一些食品或糧食，以防糧食短缺？

61. 你是否曾感到有一種壞念頭支配著你？

62. 你是否常感到精疲力竭？

63. 你是否做過一些使你終生遺憾的事？

64. 對於你的決定，你是否總是充滿信心？

65. 你常感到沮喪嗎？

66. 你比其他人更不容易焦慮嗎？

67. 你特別害怕和厭惡髒東西嗎？

68. 你是否常感到自己是某種無法控制的外力的受害者？

69. 你被認為是一個體弱多病的人嗎？

70. 你常常無緣無故地受到責備和懲罰嗎？

71. 你是否覺得自己很有見解？

72. 對你來說，事情總是沒有希望嗎？

73. 你常常無緣無故地為一些不現實的東西擔心嗎？

74. 在外面如果遇到火災，你是否先計劃怎樣逃脫？

75. 做事前，你是否總是設計一個明確的計畫而不是碰運氣？

76. 你家裡有一個小藥箱來儲存你以前看病剩餘的各種藥物嗎？

77. 如果友人訓斥你，你會放在心上嗎？

78. 你是否常常為一些你做過的事情感到慚愧？

79. 你和多數人一樣愛笑嗎？

80. 多數時間裡你都為某些人或事感到憂心忡忡嗎？

81. 你是否會因為東西放錯了地方而煩躁難受？

82. 你曾經用扔硬幣或類似完全憑機率的方法來做決策嗎？

83. 你非常擔心你的健康嗎？

84. 如果你發生了意外事故，你是否覺得這是對你的報應？

85. 當你注視自己的照片時，你是否感到窘迫，並抱怨人們

總不能公平地對待你？

86. 你常常毫無原因地感到無精打采和疲倦嗎？

87. 如果你在社交場合出了醜，你能很容易地忘卻它嗎？

88. 對於你所有的開銷，你都詳細地記載嗎？

89. 你的所作所為是否常與習俗和父母的希望相悖？

90. 強烈的痛苦和疼痛使你不可能把注意力集中在你的工作上嗎？

91. 你是否為你過早的性行為而後悔？

92. 你家裡是否有些成員使你感到自己不夠好？

93. 你常受到噪音的干擾嗎？

94. 坐著或躺下時，你很容易放鬆嗎？

95. 你是否很擔心在公共場所傳感染病菌？

96. 當你感到孤獨時，你是否努力去友善待人？

97. 你是否經常為難以忍受的搔癢而煩惱？

98. 你是否有些不可饒恕的壞習慣？

99. 如果友人批評你，你是否感到非常不愉快？

100. 你是否覺得自己受到生活的不公平待遇？

101. 你很容易為一些意想不到的人的出現而吃驚嗎？

102. 你總是很細心地歸還借物嗎？明明它的錢少得微不足道？

103. 你是否感到你不能左右你周圍發生的事情？

104. 你的身體健康嗎？

105. 你常受到良心的譴責嗎？

106. 人們是否把你當作他們利用的對象？

107. 你是否認為人們並不關心你？

108. 安靜地坐著待一會兒，對你來說很困難嗎？

109. 你是否常常事必躬親，而不相信別人也能把它做好？

110. 你很容易被人說服嗎？

111. 你的家人是否多有腸胃不適的毛病？

112. 你是否覺得荒廢了自己的青春？

113. 你是否喜歡提一些關於你自己身為一個人的價值的
     問題？

114. 你常常感到孤獨嗎？

115. 你過分地擔心錢的問題嗎？

116. 你寧願從馬路旁的欄杆下鑽過去，也不願意繞道而
     行嗎？

117. 你感到生活難以應付嗎？

118. 當你不舒服時，別人是否表示同情？

119. 你是否覺得自己不配得到別人的信任和友情？

120. 當人們說起你的優點時，你是否覺得他們在恭維你？

121. 你是否認為自己對世界有所貢獻並過著有意義的生活？

122. 你是否很容易入睡？

123. 你不拘小節嗎？

124. 你所作的多數事情都能使他人愉快嗎？

125. 你長期便祕嗎？

126. 你是否總是考慮過去發生的事情，並惋惜自己沒能做得更好嗎？

127. 你是否有時因害怕別人的嘲笑或批評而隱瞞自己的意見？

128. 你覺得世界上沒有一個愛你的人嗎？

129. 在社交場合中，你很容易感到窘迫嗎？

130. 你是否把廢舊的物品留著，以便將來派上用場？

131. 你相信你的未來掌握在你的手中嗎？

132. 你曾經有過神經衰弱嗎？

133. 你內心是否隱藏著某種內疚，而擔心總有一天必定會被人知道？

134. 在社交場合你是否感到害羞，並且自己意識到這種害羞？

135. 你認為把一個孩子帶到世界上來是一件很難的事嗎？

136. 如果事情沒有按照預定的計畫進行，你是否會感到手足無措？

137. 房間裡很亂時，你是否感到不舒服？

138. 你是否和別人一樣有意志？

139. 你常感到心悸嗎？

140. 你相信惡有惡報嗎？

141. 與你遇到的人相比，你是否感到自卑，儘管客觀上你並不比他差？

142. 一般來講，你是否成功實現了你的生活目標？

143. 你常被噩夢驚醒並嚇出一身大汗嗎？

144. 若別人的狗舔了你的臉，你感到噁心嗎？

145. 由於總受一些事情干擾，你不得不改變計畫，因此，你覺得訂定計畫是浪費時間嗎？

146. 你總擔心家裡人會生病嗎？

147. 如果你做了某些受到譴責的事，你是否能很快地忘掉，並放眼未來？

148. 通常你覺得你能實現你想要達到的目標嗎？

149. 你很容易傷感嗎？

150. 當你和別人談話，並想給人留下深刻的印象時，你的聲音是否會變得顫抖？

151. 你是不是那種萬事不求人的人？

152. 你更喜歡那種由他人決策，並告訴你該怎麼做的工作嗎？

153. 甚至在天氣暖和時你也時常手腳冰涼嗎？

154. 你常透過祈禱來請求得到寬恕嗎？

155. 你對你的相貌感到滿意嗎？

156. 你是否覺得別人老是碰到好運氣？

157. 在緊急情況下你能保持鎮靜嗎？

158. 你是否把所有的約會和同一天所必須做的事都記在本上？

159. 你是否感到在生活中變換環境是徒勞的？

160. 你常感到呼吸困難嗎？

161. 聽到下流的故事，你感到窘迫嗎？

162. 對於你不喜歡的人，你是否保持緘默？

163. 你感覺有很長的時間無法駕馭你周圍的環境嗎？

164. 當你想到自己所面臨的困難時，你是否覺得緊張和不知所措？

165. 拜訪別人時，進門之前，你是否總要整理一下頭髮和衣服？

166. 你是否常常覺得難以控制你的生活方向？

167. 你是否認為因輕微的不舒服，如咳嗽、著涼、感冒去看病是浪費時間？

168. 你是否時常感到好像做錯了什麼事情，儘管這種感覺沒有確切的依據？

169. 你是否覺得為了贏得別人的關注和稱讚而做事非常困難？

170. 回首往事，你是否覺得受到了欺騙？

171. 受到羞辱使你難受很長時間嗎？

172. 和別人說話時，你是否總是試圖糾正別人的語法錯誤，儘管禮貌上可能不允許這樣做？

173. 你是否覺得現在的事情如此變幻莫測，以至於簡直找不到規律？

174. 如果你得了感冒，你是否馬上上床休息？

175. 你是否由於你的老師沒有充分備課而對他感到失望？

176. 你是否常常把自己設想得比實際好？

177. 你和別人一樣生活得快樂嗎？

178. 你能夠透過描述自己來認識別人嗎？

179. 你是否把自己描述成一個完美的人？

180. 你總是有明確的生活目標嗎？

181. 早上你是否常常看看你舌頭的顏色？

182. 你是否常在回憶過去時，覺得自己以前對待別人太差？

183. 你是否覺得你從來沒有做過任何好事？

184. 你是否覺得自己是生活中多餘的人？

185. 你是否為可能會發生的事而操不必要的心？

186. 當煩惱的事情使你無法入睡時，你是否按照習慣離開睡床？

187. 你時常覺得別人在利用你嗎？

188. 你每天都量體重嗎？

189. 你是否期望神明在來世懲罰你的罪過？

190. 你是否常常懷疑你的能力？

191. 你的睡眠通常是不規律嗎？

192. 你是否常常無緣無故變得非常激動？

193. 保持整潔有序對你來說是至關重要的嗎？

194. 你是否有時受廣告的影響而買一些你實際上並不想要的東西？

195. 你是否常常為噪音而煩惱？

196. 如果在人際交往中遇到挫折，你總是責備自己嗎？

197. 你有起碼的自尊心嗎？

198. 即使你和其他人在一起時，你也常常感到孤獨嗎？

199. 你曾經覺得你需要服一些鎮靜劑嗎？

200. 如果你的生活日程被一些預料之外的事情所打亂，你感到非常不快嗎？

201. 你是否透過占卜算卦來預測自己的未來？

202. 你是否覺得有塊東西堵在喉嚨裡？

203. 你是否有時對你自己的性欲和性幻想感到厭惡？

204. 你認為你的個性對異性有吸引力嗎？

205. 在多數時間裡，你內心感到寧靜和滿足嗎？

206. 你是一個神經質的人嗎？

207. 你是否常常花大量的時間來整理書籍，這樣你可以在需要的時候知道它們在哪裡？

208. 你是否總是由別人來決定你看什麼電影或節目？

209. 你有過忽冷忽熱的感覺嗎？

210. 你能很容易地忘記你所做過的錯事嗎？

二、答案分析

計分方法：

　　上面 210 個題目中包含 7 個計分表，每 30 個題目一個計分表，分別從自卑感、憂鬱症、焦慮、強迫症、依賴症、慮病症和罪惡感 7 個方面評估一個人的心理健康狀態。

　　根據下面給出的 7 個計分表來記分。計分表中的數字是問卷中的題目序號，序號後的「+」號表示該問題回答「是」則得 1 分；序號後的「-」號表示該問題回答「否」則得 1 分；凡是回答與此不一致的得 0 分，凡是回答「不好說」的一律得 0.5 分。將各題得分加起來就是你在該計分表上的得分。

(1) 自卑感	
1+43-85-127-169- 8-50-92-134-176- 15-57+99-141-183- 22-60+106+148+190- 29+71+113+155+197+ 36-78-120-162-204+	高分者：對自己及自己的能力充滿自信，認為自己是有價值、有用的人，並相信自己是受人歡迎的。這種人非常自愛，不自滿自大。 低分者：自我評價低，認為自己不被人喜歡。
(2) 憂鬱症	
2-44-86-138+170- 9-51+93-135-177+ 16+58-100-142+184- 23+65-107-149-191- 30+72-114-156-198- 37+79+121+163-205+	高分者：歡快樂觀，情緒狀態良好，對自己感到滿意、對生活感到滿足，與世無爭。 低分者：悲觀厭世、容易灰心，心情憂鬱，對自己的生活感到失望，與環境格格不入，感覺自己在世界上是多餘的。
(3) 焦慮	
3+45+87-129+171+ 10-52+94-136+178+ 17-59+101+143+185+ 24+66-108+150+192+ 31+76+115+157-119+ 38+80+122-164+206+	高分者：容易為一些小事而感到煩惱焦慮，對一些可能發生的不幸事件抱持著不必要的擔憂，杞人憂天。 低分者：平靜、安祥，對於不合理的恐懼與焦慮具有抵抗力。

(4) 強迫症 4+46+88+130+172+ 11+53+95+177+179+ 18+60+102+144+186+ 25+67+109+151+193+ 32+74+116+158+200+ 39+81+123+165+207+	高分者：謹小慎微、認真仔細，追求細節的完美。規章嚴明、沉著穩重，容易因髒汙不堪、凌亂無序而煩惱不安。 低分者：不拘禮儀、隨遇而安，不講求常規與形式、程序。
(5) 自主性 5−47−89+131+173− 12+54−96+138+180+ 19+61−103−145−187− 26−68−110−152−194− 33+75+117−159−201− 40−82−124−166−208−	高分者：自主性強，盡情享受自由自在的樂趣，很少依賴別人，凡事自己作主，把自己視為命運的主人，以現實主義的態度解決自己的問題。 低分者：常缺乏自信心，自認為是命運的犧牲品，易受周圍其他人或事件所擺布，趨附權威。
(6) 慮病症 6−48+90+132+174+ 13+55+97+139+181+ 20+62+104+146+188+ 27+69+111+153+195+ 34+76+118+160+202+ 41+83+125+167−209+	高分者：常常抱怨身體各部位不舒服，過度關心自己的健康狀況，經常要求醫生、家人、朋友對自己付出同情。 低分者：很少生病，也不為自己的健康狀況擔心。
(7) 罪惡感 7+49+91+133+175+ 14+56+98+140+182+ 21+63+105+149−189+ 28+70+112+154+196+ 35+77+119+161+203+ 42+84+126+168+210−	高分者：自責、自卑，常受良心的譴責，不考慮自己的行為是否真的應該受到道德懲罰。 低分者：很少有懲罰自己或追悔過去行為的傾向。

　　計算完得分後，可以參照上表中的文字說明來解釋分數的含義。同時，結合下表可以看出你的個性特點。

	情緒不穩定性	情緒適應性	
自卑感	6 ~ 21	22 ~ 30	自信
憂鬱症	7 ~ 22	23 ~ 30	愉快
焦慮	16 ~ 30	1 ~ 15	安祥
強迫症	10 ~ 25	1 ~ 9	隨意
依賴症	5 ~ 20	21 ~ 29	獨立
慮病症	6 ~ 21	1 ~ 5	健康
罪惡感	8 ~ 23	1 ~ 7	無罪惡感
自卑感	6 ~ 21	22 ~ 30	自信
憂鬱症	7 ~ 22	23 ~ 30	愉快
焦慮	16 ~ 30	1 ~ 15	安祥

第 3 章
老闆從哪裡能找到自己想要的專業經理人

　　隨著企業發展越趨成熟，經理人的任職範圍進一步擴大。尤其是對那些急需標準化、現代化的企業來說，經理人的重要性不言而喻。企業老闆對經理人求之若渴，經理人也在遍尋適合自己的企業老闆。但是，這幾年隨著專業經理人隊伍的壯大，市場上的經理人整體品質呈現出參差不齊的局面 —— 有的經理人只是考取了專業經理人相關的證書，實踐經驗卻是差強人意；有的經理人為了爭取工作，在應徵時虛報成績，欺騙老闆，等到職後卻無法完成承諾的業績；有的經理人入職後不作為，看到老闆沒有明確的職業化標準，就得過且過，推卸責任；甚至，有的經理人眼高手低，雖然拿著高薪，但是能力水準卻不相配，他們很有心機，在與老闆簽合約時，就將合約推敲得天衣無縫，即使老闆想辭退他，卻也不得不面臨需支付高額違約金的窘境。

　　某外貿公司這幾年發展得非常迅速，公司剛成立時每年的營業額大約都可達 2,178 萬元左右，但是如今的營業額已經超過 2.2 億元。由於公司進入快速發展期，原有的管理團隊和組織架構已經不能很好地配合公司的發展形勢，管理滯

後嚴重阻礙了公司的發展，並給公司的未來帶來極大的風險。所以，該外貿公司決定引進高階人才，招募經理人，重組公司架構。

但是，招募經理人時，該公司的老闆卻遇到了一件讓他極為頭疼的事情。

在招募初期，該公司透過獵頭尋覓到了很多合適的候選人，經過老闆精心挑選，公司聘用了一位財務總監、一位產品材料控制經理和一位品質經理。

其中，財務總監的到來，讓該公司的財務管理走上正軌。財務的合法化、報表設計的合理性和準確即時性、現金流的安全性、預算執行等方面都得到了合理有效的控制。而產品材料控制經理也非常不錯，他進入該公司後，讓該公司瀕臨癱瘓的 ERP 系統獲得了重生。

但讓老闆頭疼的是，新的品質經理卻不能讓人滿意。在招募初期，這位經理十分健談，專業知識也不錯，他向老闆承諾，可以在短期內幫公司建立一套完善的品質監控系統。但是在新品質經理進入公司半年後，公司的品質監控還是沒有起色，甚至在一次會議上，品質經理上報的產品不良率數據根本是偽造的數據。老闆一怒之下，開除了這位經理人，但是公司也因此賠付了這位經理人一筆錢。

對於外貿公司來說，沒有品質經理是萬萬不行的，老闆無奈之下又透過網路招募找到了一位品質經理。不過，這位

品質經理上任後，公司的產品不良率卻在持續上升，甚至出現了客戶批次退貨的狀況，而品質經理沒有任何的反應和應對措施，老闆只得再次辭掉了剛剛上任 3 個月的經理。

老闆再一次面臨招募品質經理的困境，公司的需求迫在眉睫，他卻不知道在哪裡才能找到適合公司發展的品質經理。

相信很多老闆在招募經理人的時候都遇到過這樣的困境，一些老闆被欺騙和傷害或者出現無奈情緒後，就不再相信專業經理人。有的老闆抱著寧缺毋濫的態度，寧可辛苦自己，也不願意雇用專業經理人。

況且，一旦專業經理人入職，他不僅是企業經營要素中的一部分，同時他還掌握著企業的經營要素。老闆不得不努力把控和平衡好經理人的創造性與破壞性、業績與成本、穩定性與風險性。

不過，即使經理人市場存在著各種亂象，但身為老闆，為了企業的生存和發展，絕不能因噎廢食。企業標準化、現代化的需求決定了企業必須找到適合企業發展的專業經理人，那麼，適合企業的、適合老闆的合格專業經理人，應該上哪裡去找呢？

▶招募經理人的方式和途徑

在當前的經理人市場環境下，尋找一位合適專業經理人的難度並不低，只要透過合適的方式，在合適的地方，老闆

就可以為企業的發展挑選到合適的人才。在上面的案例中，我們看到老闆採取了獵頭和網路招募兩種方式尋覓人才，在一般情況下，這可能是老闆最常用的招募方式。實際上，從人才來源的角度說，老闆尋覓人才有兩種選擇：一種是內部提拔，另一種就是招募「空降部隊」，這兩種方式招募人才雖然各有利弊，但都可以幫助老闆挖掘到合適的人才，如下圖 1-6 所示。

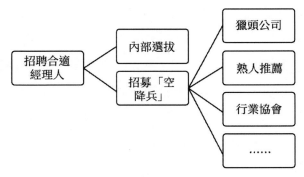

圖 1-6 招募經理人的方式和途徑

內部提拔

老闆從企業內部提拔人才，這完全可以。一些發展比較成熟和穩定的大型企業，往往都採用這樣的方式，因為內部提拔的人才對企業比較熟悉，也更適合企業發展的需要；但是對很多中小企業或者家族式企業來說，在出現經理人需求的時候，就是企業團隊遇到瓶頸的時候，正因為企業團隊內部的人才無法滿足企業發展的需求，企業才需要引進人才，

如果從企業內部提拔人才，其專業能力、專業知識等都不足以滿足企業現代化、標準化的要求，就如上面提到的案例，該企業發展迅速，但是企業內部的人才卻不能跟上企業發展的速度，因此要引進高階人才。很多時候，並不是企業老闆不願意任用企業內部的人才，而是內部的人才達不到新形勢下職位的要求。

當然，我們也不排除企業內部有非常適合的人才，這就需要老闆善於去發現和培養，許多時候，由於相處久了，特別是企業老闆比較強勢時，內部的能人反而被掩蓋了，老闆自以為知根知底，往往放大了內部人的弱點，卻輕視了他們的長處和潛能。如果老闆能夠放開眼界、從長計議，重視發現和培養「自己人」，是能夠培養出高階人才來的，那對企業的發展更為有利，因為內部培養出來的人才往往更忠誠，也更好用。

外部引進「空降部隊」

企業中的經理人，很多都是老闆引進的「空降部隊」構成的。那這些「空降部隊」從哪裡來呢？老闆怎樣才能得到適合自己的「空降部隊」呢？

1. 人才獵頭公司：科學、專業

對於大多數企業來說，在引進急需人才，尤其是高階人才的時候，都會選擇求助於人才獵頭公司。比如，上面案例

中提到的財務總監、產品材料控制經理，就是獵頭為企業挑選的，並挑選得非常成功。當老闆提出自己的人才需求時，人才獵頭公司就會對符合需求的人才進行篩選和考查，他們會採用一些比較科學、專業的測試方法挑選出最適合企業需求的人才（如圖 1-7 所示）。知名的獵頭公司有如海德思哲（Heidrick & Struggles International Incorporated）、光輝國際（Korn Ferry）和普爾摩等。

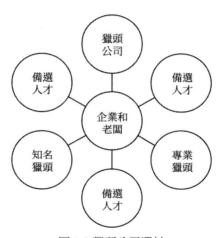

圖 1-7 獵頭公司選材

　　當然，人才獵頭挑出的候選人並不一定是非常符合老闆需求的，老闆還需要對這些候選人進行進一步的篩選，這個過程也是考驗老闆眼光的時刻 —— 雖然獵頭對人才進行了科學的、數據化的篩選，但是在隱性的層面，如職業道德、價值觀等方面，老闆還需要自己親自去考察。

2. 熟人推薦：知根知底

對於老闆來說，熟人推薦的人才，一方面沒有欺詐風險，另一方面熟人對人才和企業了解得比較深，推薦的人才也更契合企業的需要，因此，透過熟人推薦往往能夠為企業帶來很有用的人才。

再者，熟人之間的價值觀、個人品性都是比較趨近的，他們推薦過來的人才在後期與老闆的合作過程中，也會更快地融入環境，在溝通過程中也會避免很多不必要的麻煩，信任關係更容易建構。不過，老闆千萬不能礙於熟人情面，勉強屈就而選用那些不是自己真正滿意的人。

3. 網路招募：簡單、快捷

網路招募是當下非常流行的人才招募方式，眾多招募網站及 App 相繼推出，企業在招募人才的時候變得更加方便和快捷，但是，在這些招募平台上，雖然可以挑選到一些人才，卻不太適合企業招募重要的經理人。

4. 專業的人才顧問：深入、全面

隨著社會化分工的細緻化，在人才招募領域也出現了專業的人才顧問。這些人才顧問往往是久經職場的經驗人士，他們對企業需求和人才的專長有著獨到的眼光，他們接觸的人才和企業也比較多，掌握的相關管理理論等也比較豐富。

所以當企業委託他們尋覓人才的時候，他們往往能夠從人性、道德品質和職業風險等層面入手，將最合適的人選推薦給老闆。有的專業人才顧問在考查人才的過程中，甚至比老闆的眼光還要獨到，能夠看到老闆沒有看到的另一面。

另外，有的專業人才顧問是長期跟企業有所接觸的，他們對企業的了解比較深入，能夠即時地指導老闆選用人才，甚至可以幫助和指導老闆培養人才。

許多企業會聘請各式各樣的顧問，如法律顧問、財務顧問和稅務顧問等，如能聘個經常性的人才顧問，對解決企業人才需求將會帶來很好的幫助。

5. 專業經理人行業協會：風險低，有保證

行業協會制定了各種規則和制度，對經理人進行稽核，並促使經理人群體自律。行業協會一方面維護經理人的權益，另一方面也為企業選用人才提供了一個很好的平台。

況且，經過行業協會認可的經理人，必定不會缺乏必要的專業知識和專業能力，在道德風險方面也更低，企業選用這些人才，大可不必擔心受到欺騙。畢竟一旦某個經理人欺騙老闆，或者做出背叛企業的事情，整個行業協會會讓他名譽掃地，無以立足，這種行業自律，對淨化經理人隊伍起了很好的作用。

6. 挖角：專業能力精準

　　這種行為是行業內不能說的祕密，也是很多企業老闆痛恨的一種現象。在同行業內，有的老闆為了獲得某個人才，不惜重金從兄弟企業進行挖角。這雖然能夠解決一時困難，但是長期如此，就會影響企業聲譽和員工的價值觀，在業內成為人人防範的公敵，企業老闆一定要慎重。

　　當然，如果是企業裁員時老闆趁機挖角，這是可取的。前幾年，一些國際性的大企業如摩托羅拉（Motorola）等大批裁員，很多中小型企業老闆便趁機挖了一些人才過來，這對企業發展是非常有益的。

　　我在幾年前幫某銷售型企業做過一個招募經理人的方案，可供借鑑：

經理人應徵方案

1. 明訂經理人的利益、權利和責任，並根據這 3 個要素制定出招募簡章。
2. 在知名招募網站發布資訊，並向獵頭公司提出需求。
3. 進行群面 [5] 綜合評價面試者並擇優備選。

---

[5] 群面，即無領導小組討論（Leaderless Group Discussion）。它是評價中心技術中經常使用的一種測評技術，採用情景模擬的方式對考生進行集體面試。無領導小組，透過一定數目的考生組成一組（8 ～ 10 人），進行 1 小時左右與工作相關問題的討論，討論過程中不指定誰是領導者，也不指定受試者應坐的位置，讓受試者自行安排組織，評價者來觀察並評價考生的組織協調能力、口頭表達能力、辯論的說服能力等各方面的能力和品質是否達到擬任職位的要求，以及自信程度、進取心、情緒穩定性、反應靈活性等個性特點是否符合擬任職位的團體氣氛，由此來綜合評價考生之間的差別。

4. 根據履歷進行外訪核實，確定候選人履歷及資歷的真實性，凡是信用有問題的候選人一律否決。然後進行領導力、情緒控制力和個人特性等方面的測試。

5. 進行複試，主要考量信仰、價值觀和人際交往能力等，並設定相應的情景確認其實際能力和水平。

6. 企業老闆和高層與候選人一起進行深度的溝通，主要考量其在企業文化、企業遠景和企業問題等方面的認知和理解。

7. 讓候選人自擬一份工作規劃報告，內容包括其對企業的認知、完成業績需要的條件及措施和自我的評價等。

8. 候選人透過面試後，企業 HR 負責與經理人就薪資、工作內容、業績承諾、培訓要求、權責規定和行為規範等達成共識並簽署紙本合約。

　　老闆獲取人才的渠道是非常豐富的，而選擇到合格經理人的方式也是多樣的。只要老闆善於根據企業需求，仔細甄選和考察，一定能夠選到合適的經理人，即使是出現經理人不合要求而經常辭換的情況，老闆也一定要多方考量，不要一昧把責任推在經理人身上，或許是因為老闆沒有想清楚企業需求而導致人才匹配錯位呢？或許企業本身尚有一些不利於外來人才落地開花的因素沒根治呢？

▶招募經理人的原則

雖然說老闆招募經理人的方式和途徑很多，但最終的目的是為了找到合適的經理人。所以不管獵頭對候選人進行了多麼專業和科學的分析，不管熟人對候選人多麼讚不絕口，也不管人才顧問對候選人進行了如何徹頭徹尾的考查，最終的決定還是要由老闆自己來做。

經理人來到企業是要給企業帶來利潤和成績的，企業的標準化和現代化發展是要靠經理人的，不能因為經理人和老闆脾氣相投，老闆就選用了他。因此，老闆的選擇是基於企業的利益的，老闆在決定聘用經理人的時候，一定要遵守以下三個原則，這樣才能在未來的發展中讓經理人的價值發揮到最大（如圖 1-8 所示）。

原則一：足夠的專業知識和專業能力

這是最基本的要求，在獵頭或者人才顧問選擇候選人的時候就已經做了檢測，但是每個企業都有自己的實際情況，老闆也要適當地根據企業的現狀對候選人做出一些考查，或讓企業內部的專業人士給予考察評價。，然會讓一些高分低能的人士混入其中，到時候再調換的話，就會影響企業團隊的穩定，浪費老闆的精力，也會貽誤企業發展的時機。

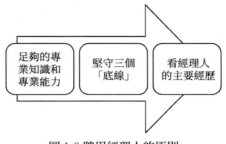

圖 1-8 聘用經理人的原則

原則二：堅守三個「底線」

　　任何行業都有屬於自己的底線，身為經理人，堅決不能碰觸最基本的三個底線，即不拉幫結派、不占企業便宜、不與人為惡，這些其實屬於經理人的職業道德，但是在很多數據測試中，老闆並不能發現經理人的這些問題。有些經理人有天然的性格缺陷，在進入企業後會對企業團隊產生非常大的破壞力；有的經理人喜歡拉幫結派，架空老闆，這是非常危險的；有的經理人喜歡占小便宜，公司的車、公司的人力都想拿過來自己私用，這是要堅決杜絕的。老闆在考查經理人的時候，這三個底線一定不能破，而要發現這些問題，對高層和關鍵職位人才引進的背景調查一定要全面、真實、細緻，一旦發現有這方面的缺陷，一定不能聘用，否則後患無窮。

原則三：看經理人的主要經歷

　　對於經理人來說，他的工作經歷、他的團隊經驗、他的文化理念，就已經能夠清楚地勾勒出他的主體形象。老闆不

能憑著單一的判斷來讓經理人承擔與他經驗和能力不相適應的工作。

　　曾經有位老闆，在一次培訓會議上遇到一個青年人，在言談間，他了解到這個青年人在知名企業工作，能力非常強，並且也有很多的專案經驗，於是想挖過去做自己公司的經理人，這個青年人也非常樂意，但是沒有想到青年人被挖過去後，完全不能勝任工作，最後導致企業上下對這位經理人和老闆都有意見，老闆只得辭退了這個青年人。其實，這個青年人自身的能力並沒有問題，只不過他之前在知名企業擔任的只是某個區域專案的負責人，而且原先知名企業的管理規範，對他發揮才能有良好的支持環境和條件，而該企業卻沒有健全和良好的管理體系，可以說種子雖好，但不能落地發芽，這不僅對他，也是對企業的不負責任。

　　即使同樣是部門經理，大公司和小公司的部門經理在能力和眼界上是有很大差異的，所以老闆一定要看清楚候選人的主要經歷，以他的主要經歷來判斷他對擬任職位的勝任能力。

　　老闆要想找到合適的經理人，遵循上述三原則，不可或缺。

第 4 章
尋找志同道合的經理人

　　有人說，老闆選擇經理人，就像是一個人選擇結婚對象一樣，需要慎之又慎。確實，從直接目的上來說，老闆選擇經理人是為了提升企業業績、完善企業的組織架構；但是從根本上來講，老闆是在選擇值得信賴的人和他共闖天下，共創事業。老闆與經理人相處，如果只靠「資本」和「智本」交換來維繫，那是非常困難和危險的。只有選擇志同道合的經理人一起發展，惺惺相惜，老闆才能將事業做強做大。

　　那麼，什麼樣的經理人才是和老闆志同道合的呢？從我多年的專業經理人生涯體驗中，發現經理人與老闆志同道合主要表現在如下幾個方面（如圖 1-9 所示）：

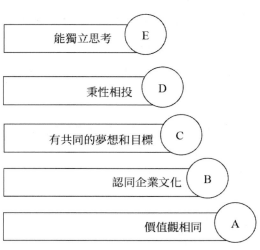

能獨立思考　E

秉性相投　D

有共同的夢想和目標　C

認同企業文化　B

價值觀相同　A

圖 1-9 經理人與老闆志同道合的表現

▶價值觀趨近，事業心一致

　　一說起經理人，很多老闆的腦海裡就會出現這樣的一些想像：高階員工、不是自己的企業不心疼；賺錢就高興、虧損就拜拜；能共享福不能共患難等。就現在的市場環境來說，經理人市場確實不夠規範，經理人的職業化程度也不夠高，但這並不代表經理人就不能與老闆結成事業夥伴，共同開創企業未來。老闆只要找到那些與自己價值觀趨近、事業心一致的經理人，就能夠獲得夥伴分擔壓力，共創輝煌。

　　價值觀，是指個人對其周圍客觀事物（包括人、事、物）的意義、重要性的總評價和總看法（如圖 1-10 所示）。這具體表現在兩個面向：一方面是一個人的價值取向、價值追求，凝結為一定的價值目標；另一方面是個人的價值標準和準則，成為他判斷事物有無價值及價值大小的評價標準。一些經理人的價值觀不夠正面，或者與老闆的價值觀不能夠統一，他們一旦進入企業，就會導致企業在發展過程中形成內耗，阻礙公司發展。

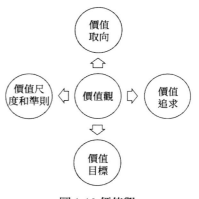

圖 1-10 價值觀

　　某紡織企業因為業務忌賢和公司組織架構升級的原因，從人才市場引入了一位專業經理人，這位經理人的能力確實非常強，他進入企業後幫助老闆分擔了不少壓力，使企業的發展更加喜人；但是，這位經理人特別在意自己的業績，在他的眼裡，業績永遠是第一位的，而在公司的環保問題上，他總是無法與老闆達成一致的看法，他不怎麼支持老闆在環保方面進行投入，他認為現在很多企業都不注重環保，為什麼非要增加這個成本呢？

　　不但如此，有一次為了降低成本，完成當月的業績目標，趁著老闆出差，他安排下屬把公司一些沒有經過淨化的廢水偷偷排進工廠旁邊的河中，他本以為這樣偷偷摸摸的行為沒有什麼影響，但是沒有想到，當地的媒體很快就曝光了該企業的這一違法行為，老闆被政府環保部門連夜召回，企業面臨大額罰款，且聲譽在社會上大打折扣，業務也受到了極大的影響。

　　這位老闆怎麼也沒有想到，正是自己引入的專業經理人給自己捅出了大簍子，真是追悔莫及。

　　價值觀無法達成一致的老闆和經理人，在合作中就如兩匹馬拉著車往不同的方向行走，最終的結果是企業在內耗中走向衰亡。就如上述這家企業，在老闆的疏忽之下，最終導致了企業毀於經理人與自己不同的價值觀。俗話說，價值觀是企業的第一風險，老闆選擇志同道合的經理人，價值觀是首要考量因素。

▶認同企業的文化

　　企業文化是一家企業持續健康發展的內驅力，不管是企業的普通員工，還是經理人，都必須對企業的文化有較高的認同，這樣才能團結一心，共同促進企業的發展。有的企業因為某些機遇而快速擴張壯大，在發展過程中，對企業的文化並不怎麼重視，這也導致一些老闆在招募經理人的過程中有這樣的錯誤想法：只要能有成績，一切都好說。

　　殊不知，如果一個經理人對企業的文化都不認同，他怎麼可能全身心地融入到企業當中？甚至，有的經理人會破壞企業的團隊，導致企業人心渙散，無力發展。

　　我曾經工作過的一家企業中就發生過這樣的情況：老闆招募了一位能力很強的區域銷售經理，這位銷售經理曾經帶領團隊創造過一個月業績翻倍的驚人成績，老闆正是看中了他這一點而將其納入麾下。

　　沒有想到，這位銷售經理進入公司後，開始拉幫結派，將區域辦事處的一些老員工一一孤立或者排擠出去，並且在工作過程中，這位經理將他自私自利的性格也傳染給了部門的其他成員，導致很多人唯利是圖，開始私自接案，在外面大賺外快。短短半年，這種風氣就從該區域擴散到了其他地方，那些被排擠的老員工開始抱怨，本來團結、友愛的企業文化開始面臨危機。

　　這樣的企業經理是老闆不願意遇到的，因為他敗壞了企

業良好的文化，如任其發展，將會形成個人至上、團隊渙散和唯利是圖的不良風氣，並且這樣的經理人對企業團隊的破壞力是很大的，他和那位與老闆價值觀不統一的經理人一樣，最後可能導致企業衰亡。

▶有共同的夢想和目標，而非只懂賺錢

企業的主要目的是為了盈利，但盈利並不是企業的全部目的，對老闆來說亦是如此。一個只懂賺錢的老闆是沒法把企業做強做大的，只有擁有遠大的夢想和目標，老闆才可能做出一番事業來。

某企業老闆沒什麼文化內涵，專業能力和管理知識也都很欠缺，但卻一直當企業的領頭人，而且大家還很信他。我接觸這位老闆後，從他身上總結出了三個管理法寶 —— 1. 眼光超前，並不斷地對下屬描繪願景和夢想；2. 奉行「先做好事，後談錢」，即使吃虧上當，也不後悔，他總是告誡下屬：吃虧是福，你不要以為他們占了便宜，他心壞了，比什麼損失都大；3. 強調團隊致勝，嚴厲打擊個人英雄主義。就憑這三條，他將一個十幾人的小企業，在歷經 20 餘年後，帶領成長為現在年產值近千億元的地方產業前三名企業的企業。

同樣地，在夢想和目標這一點上，經理人也應該要接近老闆的這個高度。如果經理人的眼中只有錢，他就會為了賺錢鋌而走險。企業作為社會組織，其承載著諸多的社會功

能，它的一切是與社會的健康和福利緊密連結在一起的，員工、客戶、供應商、股東和自然環境等都是企業需要考量的利害關係人，如果老闆和經理人只把企業當成賺錢的工具，那麼企業的社會價值就會大打折扣。

好的經理人，不但會和老闆擁有共同的夢想和目標，甚至在老闆迷失後，會即時地將老闆拉回正軌，對於那些只懂賺錢的老闆，好的經理人也會離他而去。所以說，志同道合的人，往往是有著共同夢想和目標的人，老闆和經理人有了共同的夢想和目標後，就會團結朝著同一個方向努力。

我曾經問過一個做經理人的朋友，他為什麼會對他的老闆不離不棄，十多年一直跟在老闆身後？在目前的市場狀況下，一個經理人兩三年跳一次槽是非常正常的。這位朋友微微一笑說：「我的夢想和目標跟老闆是一樣的，跟著他，我的夢想能實現，我為什麼要考慮跳槽呢？」

確實，夢想和目標一致的人，就是志同道合的人，他們有共同的語言和追求，能夠互相幫助，共同發展。我那位朋友如果失去了那個舞臺，他的夢想不知何時才能實現，而跟著那位老闆，或許很快就可以實現了呢？只不過，像他這種情況是可遇而不可求的，因為老闆遇到這樣的經理人的機率比較小，而經理人遇到這樣老闆的機率同樣不大。即使這樣，老闆在尋找經理人的時候，也要努力去構建共同的夢想，去感化和激勵經理人，使兩人擁有共同的夢想和目標。

▶秉性相投

這一點毋庸置疑，經理人進入公司後，與老闆的溝通和交流是非常多的。經理人要配合老闆完成各種事務，如果兩人的秉性不投，那共事就比較難了。秉性相投的老闆和經理人，不但在工作上可以和平共處，在工作之外還可以是很好的朋友。這樣兩人才可以緊密合作，共同開創未來事業。

當然，這裡說的秉性相投，並不是說秉性相同。如果老闆和經理人的秉性是針尖對麥芒，那兩人是無法共事的。只要秉性不衝突，甚至能形成互補，如強勢的老闆與溫和的經理人搭配，細心周到的經理人與宏觀粗放的老闆搭配等，對企業的發展就比較有利。

▶能夠獨立思考，形成互補

很多老闆認為，經理人來到企業就是要聽從老闆調遣，配合老闆完成公司各項事務的。其實不然，如果老闆要找一個普通員工，這種想法是對的，但一個公司的高層管理者，若只能聽從老闆調遣，凡事對老闆唯唯諾諾，那這個經理人是不稱職的。經理人進到這樣的企業，不僅發揮不了專長，還會慢慢退化。

因為老闆不是萬能的，他也有自己的缺陷和不足，這個時候就需要有人來幫他彌補這些缺陷和不足，身為企業的管理者，經理人自然是不二的人選。如果老闆選擇了一位無法

獨立思考的經理人，那經理人反而會成為老闆的累贅，因為
經理人只聽老闆的安排和調遣，離開了老闆他還是什麼也做
不了，這樣的經理人對企業來說，價值有多大呢？

再者，每個人的思想、眼光和策略意識相對來說都較為
片面，老闆也不例外。如果經理人能夠獨立思考、眼光獨
到、策略意識強，那在很多事情上他都可以與老闆形成互
補。在老闆看不到的地方，經理人能夠看到；老闆意識不到
的細節，經理人能夠意識到。就如劉備和諸葛亮一樣，能夠
形成一個黃金組合，從而形成巨大的能量，促進企業的健康
和快速發展。

尋找志同道合的經理人，這是每個老闆的理想。要實現
這一理想，老闆就需要在價值觀、精神、意識和習性等層面
多加考查。古往今來，任何一個成大事者必有左膀右臂相
助，老闆要做大企業，志同道合的經理人不可少，能夠對自
己形成互補態勢的經理人更不可少。

PART2

如何與專業經理人和平共事

在經理人的心中，他從進入企業的那一刻起，如何與老闆和平共事這個嚴峻的問題就擺在了他的面前，能否處理好這一難題，直接展現經理人的能力和水準。經理人與老闆和諧相處，除了拿出傲人的業績，還需要在價值觀、情感方面與老闆達成共鳴，共同打造企業文化，共同承擔風險，針對經理人的這種情況，老闆應該怎麼做呢？老闆應該關愛經理人，給經理人創造施展才華的條件，只有這樣，老闆和經理人才能做到和諧相處，共贏企業未來！

第 1 章
讓業績達成率說話，愛他就考核他

　　很多老闆在與專業經理人簽聘用合約的時候，並不會詳細地去規範經理人的職責，老闆也缺乏必要的考核規範和制度。很多經理人入職前承諾了很高的業績，但是入職後卻往往無法兌現承諾；甚至有的經理人一旦入職，就推脫責任，得過且過。經理人缺乏規範和制度的監督，而老闆又缺乏考核指標，這就導致老闆對經理人的不滿情緒逐漸累積，而經理人也越發迷茫，不知道自己錯在何處，不知道自己應該如何努力才能讓老闆滿意；再者，因為缺乏考核指標，經理人總覺得自己的努力不被人認可，會心生不滿。

▶考核機制的好處

　　考核機制對經理人而言，有幾大好處，如圖 2-1 所示。

1. 給經理人壓力，壓力可以化為動力。沒有壓力的經理人是無法釋放出自己的熱情的，很多經理人在適度的壓力之下才更有熱情和動力去追逐夢想和目標，而考核正是壓力化熱情的有力方法。

2. 可以增加經理人的能力。有了考核，經理人會透過各種
   努力，採取各種方法和途徑去完成指標。指標不是輕
   易就能達到的，在經理人完成指標的過程中，能力自
   然而然就增長了；而能力增長了，經理人會反過來感激
   老闆。

3. 便於評定成績，獎懲分明。有了業績考核，老闆再也不
   會與經理人爭搶功勞了，而經理人的成績一目了然，是
   獎是罰，自然就有了依據。如果一個企業大家都在圍著
   老闆轉，基本可以肯定，那個企業沒有考核，或即使有
   考核，也是形式而已。

4. 融洽老闆與經理人的關係。科學的考核，有項很重要的
   方式就是績效面談，這一項做好了，上下之間對工作的
   偏差就容易達成共識，對考核結果，老闆與經理人之間
   彼此也會心服口服，如此反覆，關係自然融洽起來。

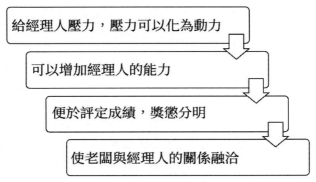

圖 2-1 考核機制的好處

因此，老闆與經理人要想和諧相處，就必須建立一套科學的考核機制，用事實說話。既然考核如此重要，那老闆和經理人如何去建立一套完善成熟的考核體系呢？

▶考核的內容與範圍

任何考核機制，都必須要設定明確的範圍。對於經理人來說，其所處的職位和地位更為重要，考核的範圍不像考核普通員工那麼簡單，老闆必須從更多、更宏觀的層面設定考核的內容和範圍。

我曾經接觸過一家企業，這家企業的員工和經理人工作非常有熱情，整個企業的工作氛圍相當好，尤其是經理人，他對企業的發展比老闆還要用心。我以為這位經理人是老闆的親戚或者合作人，仔細詢問後，才得知他只是老闆高薪聘請的專業經理人。那為什麼這位經理人如此敬業呢？

原來，這家企業的考核機制非常高明。他們考核經理人的時候，並不唯業績考核是瞻，經理人的領導力、人脈圈、交際能力、親和力等都納入考核範圍，尤其是把價值觀放在考核的第一位，這非常令人驚訝。

而這家企業的老闆給出了這樣考核的原因：他們不想像某企業一樣，讓經理人等企業高層毀了整個企業，只有老闆、經理人等管理人員一身正氣，企業才有可能持久發展。

確實，那企業的破產案就是因為其管理層價值觀偏離社

會正規，導致企業一步步走向滅亡的邊緣 —— 全世界這樣的案例太多了，管理層價值觀有問題，就會放縱員工，最後導致企業破產。而像上述這家企業，因為有好的考核機制，企業整體發展勢頭就非常不錯。所以說，老闆在幫經理人設定考核範圍的時候，一定要從多個層面來考量。從工作實踐總結，以下這幾個層面是老闆必須考量的。

1. 具體化業績指標考核。業績指標是基本的要求，企業都有產值、利潤等目標，經理人自然要求有與這些公司目標直接關聯的指標來考核。

2. 價值觀考核。價值觀的考核，其實展現在經理人的行為與老闆提倡的正向企業文化的合拍性上。

3. 領導力考核。能否帶好一個團隊，這決定著經理人的管理能力，領導力是經理人完成業績的基礎和保證。

4. 人際交往能力及人脈圈考核。經理人的人際交往能力和人脈圈的大小對企業的業務拓展有很大的關係，好的人脈圈可以幫助企業如虎添翼。

5. 情緒控制能力。一個不能駕馭自己情緒的人，是難當大任的。

以上幾個方面，老闆在完善考核機制的過程中可以根據自身的情況借鑑使用。

當然，確定了考核的內容和範圍後，接下來就是如何設

定考核目標和制度了。設定考核目標是督促和激勵經理人的
有效方式，表 2-1 可供設定考核目標時借鑑。

表 2-1 目標管理表

序號	設立依據	目標	完成時間	具體措施	衡量標準	必備資源	權重(%)	負責人	備註
1									
2									
3									
4									

▶考核機制設定的八大原則

考核機制設定需要考量多方面的因素，需要根據老闆的
實際需求和經理人的能力來設定。在設定的過程中，老闆和
經理人必須遵循一些基本的原則（如圖 2-2 所示），只有遵循
了這些原則，一套完整的考核機制才是實用的、有價值的。

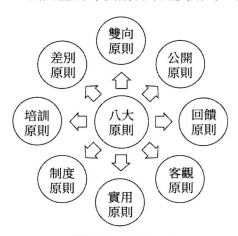

圖 2-2 考核機制設定的八大原則

原則一：雙向原則。考核內容的設定應當是在經理人與老闆商量之下設定的，如果只是老闆單方面去設定，經理人無法完成時，往往就會產生各式各樣的藉口。

原則二：公開原則。只有公開考核的內容及標準，經理人完成業績及指標時才有被監督的壓力，這樣不但能造成督促作用，還能減輕老闆的監督負擔。

原則三：回饋原則。考核內容一經制定，經理人就必須經常向老闆回報相關進度，並接受老闆監督；同時，考核結果也要即時回饋給被考核人。

原則四：客觀原則。有時候老闆會提出一些不切實際的要求，或者是經理人因為虛榮而誇大承諾，這時候一定要堅持客觀原則，即從公司的現有條件出發。否則，最終無法完成任務，不但會影響老闆和經理人之間的關係，更會影響公司的團隊管理。

原則五：實用原則。考核內容和考核辦法一定要是實用的，不能只淪於表面。例如經理人的人脈圈考核，不能只關注經理人的交際能力，而更應該關注他的交際能力和人脈圈能夠為他的工作帶來多大的影響。

原則六：制度原則。公司要從制度上將考核的基本形式規定下來，這樣才能形成規範和威懾力。一項考核如果朝令夕改，或只憑老闆說了算，那效果就會大打折扣。

原則七：培訓原則。這一原則更多地應用在整個公司的

考核制度貫徹中。考核的內容和規範標準需要公司的各級管理層和員工知曉，只有大家的意識中都有了考核的觀念，明白考核的要求和標準，考核制度才能順利推行。

　　原則八：差別原則。這一原則也更多地應用在整個公司的考核中，不同部門、不同員工之間因為分工的不同，考核內容和方式要有相應的變化和差異，同時，考核結果也要有高低，不能變成「你好我好大家好」的狀態。

　　以上八個原則，實踐證明是非常可行的。

　　經理人進入企業，目的就是為了和老闆一起使企業取得快速發展。只有企業發展了，經理人才能從中獲利，所以從目的和利益上來說，老闆和經理人是沒有任何衝突的。經理人踏踏實實工作，忠誠於老闆，老闆也要懂得愛護經理人，而愛護經理人最好的方式，就是用考核來監督和推動經理人的工作，讓經理人的能力得到成長，利益得以實現。

第 2 章
價值觀認同，共享夢想和目標

願景、使命和價值觀，這是掛在很多老闆嘴上的口頭禪。這幾年，隨著市場的逐步成熟，中小企業的老闆開始更加注重企業文化的建設，不再像以往那樣唯業績是瞻。老闆對企業文化的看重，對社會、對企業、對員工來說都是一件好事，這意味著員工的夢想和目標可以融入企業文化，老闆與員工可以共享夢想。

不管是什麼時候，文化建設都是凝聚人心最強大的方法。從老闆的角度來說，如果企業員工能夠有共同的價值觀，那團隊的凝聚力就會更強，員工的工作積極性也必將得到極大提升；對於經理人來說更是如此，身為經理人如果不能認同企業的價值觀，不能與老闆的目標一致，是無法跟隨企業向前發展的，更別說是積極帶動企業的發展了。所以，老闆要想與經理人和諧相處，就必須用價值觀去統一經理人的思想，用夢想和目標去感化經理人，讓他們與自己頻率一致。

惠普（HP）的企業文化和價值觀曾經吸引了很多人投身惠普事業，老陳就是其中之一。老陳在取得 MBA 學位後，

到惠普總部去應徵，這次應徵讓老陳留下了非常深刻的印象——惠普公司非常尊重人，為了方便他去總部面試，跟他面談的經理還安排好了一切行程，並派專人接送。

正是這次面試，讓老陳下定決心要待在惠普。在順利進入惠普後，老陳雖然歷任銷售代表、銷售總監、財務總監、市場部總經理等職務，但是他始終認同惠普的價值觀，惠普的價值觀已經成為文化深入老陳的內心。在惠普的核心價值觀中，其中有這樣兩條是老陳最為欣賞的：一是相信並尊重個人、尊重員工；二是做事情一定要非常正直，不可以欺騙使用者，也不可以欺騙員工，不能做不道德的事。

如果企業有惠普這樣強大的價值觀，那經理人會主動投身企業，並與老闆保持頻率一致，並以自己的努力去促進企業發展，而老闆也不用擔心沒法和經理人好好相處，只要讓經理人接受了企業的核心價值觀，和諧相處就不再是難題。像老陳這樣的經理人，他就是被惠普的價值觀吸引並投身惠普懷抱的，惠普的文化影響著他的行為和思維，惠普的老闆從來都不用擔心沒辦法與陳翼良和諧相處。

對更多的中小企業來說，即使不能做到像惠普那樣強大的企業價值觀，老闆依然可以用自己獨特的企業價值觀去影響經理人。而不管企業的價值觀如何多樣化，要想讓經理人和員工認同，就必須符合下面三條原則：遵守法律，尊崇天地人文，懂得與自然和諧相處（如圖 2-3 所示）。如果一家企

業不遵守法律，不尊崇天地人文，不懂得與自然和諧相處，那這家企業的價值觀就會與社會格格不入，是沒有存在價值的 —— 就如三鹿集團一樣，最終會被社會懲罰和拋棄。

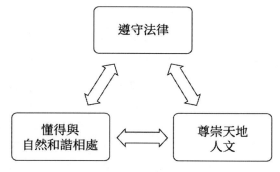

圖 2-3 企業價值觀的三原則

▶遵守法律

　　一家企業可以以盈利為主要目標，但是它絕對不能違反國家法律和社會規範，這是每一家企業發展的底線，也是企業價值觀的底線。不遵守國家法律的企業必然要受到國家的懲罰和社會的懲罰。

　　前幾年有個知名的案例：當時英國製藥公司葛蘭素史克（GSK）在國外分公司的部分高管因為違反法律而捲入了賄賂案件，某區域的法務總監、營運總監、人力資源總監、市場與行銷總監等人全部被警政機關帶走調查，葛蘭素史克也一時之間陷入了輿論的漩渦。

因為缺乏監管，企業核心價值觀不正，葛蘭素史克國外分公司的賄賂案件，從總監到一線銷售人員都有人參與了賄賂，不單是員工，連專業經理人都一起觸碰了法律的底線，這不能不說是葛蘭素史克國外分公司的巨大失敗。

這一事件暴露出的，不僅僅是員工和專業經理人不守法律的問題，更暴露出企業最高層對企業文化的漠視。也正是因為企業高層價值觀扭曲，才導致經理人和員工為了盈利不擇手段，不顧國家法律，肆意損害他人利益。如果企業都這樣，那整個社會就會陷入混亂，不但害人還害己。

有些中小企業老闆，他們自身的法律觀念就十分淡薄，導致在他們的影響下，企業經理人的法律觀念也出現了問題。在過去很長一段時間，一些企業不斷鑽法律漏洞，但近來隨著法制意識的增強，企業的法律觀念也被迫不斷提升。老闆如果還停留在過去不懂法的階段，或總想著鑽法律漏洞，那企業的核心價值觀就很有問題，更別說用核心價值觀去改造經理人了。

老闆和經理人要懂法，做到隨時遵紀守法，就應該做到以下幾點。

1. 在內心隨時樹立法律風險意識，隨時繃緊法律這根弦。當心中有疑惑時，要即時諮詢身邊的律師；在遇到重大決策時，更要邀請律師參與，必要時請律師出具法律意見書。

2. 企業全體員工要進行相關的法律培訓。有些企業很少或者幾乎沒有法律法規的培訓，有的公司只在公司的半年會或者是年會上邀請法律顧問或者律師來給員工簡單做一個法律報告，這是遠遠不夠的。普法普規教育應成為企業的常態化培訓內容，最好是結合企業自身遇到的法律糾紛來剖析學習，針對性強、印象深刻、效果也較好。在此，企業老闆和高層管理者帶頭示範非常重要，只有遵紀守法的企業，它的核心價值觀才可能健全和健康。

3. 在法律框架下建立企業的規章制度，用制度規範經理人和員工的價值觀和行為，老闆也要透過自身的行動來影響經理人，比如帶頭遵守企業制度等。

　　遵紀守法，這是企業的底線和根本，老闆和經理人要統一價值觀，就要從守法做起。而經理人也不能只靠老闆和企業制度來規範自身的價值觀和行為，應該積極揣摩老闆的價值觀，努力認同老闆的價值觀，與老闆保持頻率一致，如此一來，老闆和經理人之間才能做到價值觀互相認同，從而共享夢想和目標。

▶尊崇天地人文

　　人之為人，在於其有智慧、有人性，能體諒萬物，能團結和諧。我們自古就有「人之初，性本善」的定論，人性中天然有悲天憫人、博愛善良的要素。企業作為人類經濟

組織，不管如何盈利與發展，必然離不開對人性的尊重與關懷。

網際網路時代，網路成了人們娛樂交流的主要渠道。因為網路的虛擬與開放，部分負面的人性得到了釋放，一些企業看到這樣的機會，便一擁而上，根本不顧企業對人性法理引導的社會責任，尤其是一些網遊企業，為了獲得客戶與利潤，千方百計討好沒有自制力的青少年，導致青少年沉溺於虛擬的網路遊戲。在層出不窮的新聞報導中，有的青少年因為網遊荒廢學業，有的青少年因為網遊走上不歸路。曾經就有新聞報導，一個 13 歲的少年，因為沉迷於網遊，在其母親勸說讓他睡覺休息時，竟然拿起剪刀捅死了母親，而在看著母親流血死亡後，該少年甚至繼續進行遊戲。

如此企業為了一己之利，不顧社會利益，引發青少年人性喪失，這是對天地人文的最大背離！而這種背離的背後，是企業老闆扭曲的價值觀在作祟。如果老闆為了企業盈利而罔顧天地人文法則，那企業的經理人和員工就會跟隨老闆誤入歧途；但如果經理人價值觀極具正能量，那他必然不會認同老闆，在認知到老闆扭曲的價值觀後，他會憤然離去。

試問，如果一家企業的老闆從事的是對天地人文、對社會有損害的行業，他還能奢望經理人與他和諧相處嗎？還能奢望企業的發展能基業長青嗎？所以，老闆有責任也有義務引導企業、經理人弘揚社會正能量，避免負面人性的滋長氾

濫。如果老闆發現經理人的價值觀無法與自己和企業保持一致時，也應該積極採取措施，若經理人價值觀實在無法與自己達成一致，那就應該考慮讓經理人離開，以保證企業價值觀的純正和持久。

此外，從經理人的角度來說，當他進入一家企業時，也必須積極與老闆做到價值觀一致。他不但要保證自己擁有正向的價值觀，在遇到老闆與企業價值觀出現問題的時候，也應該努力去校正，而不是同流合汙。試想，三鹿集團在企業價值觀出現問題的時候，如果有一位經理人站出來努力改變現狀，讓企業不再做侵害社會、侵害人類的事情，那三鹿集團還會面臨倒閉的命運嗎？三鹿集團的老闆還會因此而鋃鐺入獄嗎？

▶懂得與自然和諧相處

人是自然的產物，自然中的礦產資源、野生動植物，一直是自然賜給人類的寶貴資源，人類應當適當取用。但是，企業的欲望是無窮的，為了能夠獲得最大利益，企業惡性開採礦產，致使許多與擁有礦產資源的地區出現了地面塌陷；有的企業則是不顧自然的平衡，肆意捕殺動物，稀有動物如白鱀豚、老虎、大象等數量迅速降低，有的動物甚至從這個地球上永遠消失了；而企業對植物的過度砍伐，也導致了沙漠化、氣候乾旱等自然災害。

　　為了滿足人類改善生活的需求，對自然資源進行開發利用，這是正常的，但這種開發如果沒有節制，不遵循自然規律，人類就會受到自然的懲罰。身為企業老闆，當然更要懂得與自然和諧相處，並影響經理人及其他員工也能做到與自然和諧相處。某集團的負責人就說過，企業要懂得敬畏自然，與自然和諧相處，這樣企業才能做到基業長青。

　　有時候，經理人為了獲得短期的業績增長，會做出一些破壞自然的事情，這也有老闆的責任。如前面提到的經理人，他為了業績增長，偷排汙水，結果釀成大禍，這就是老闆沒有統一經理人價值觀的惡果。經理人犯了錯可以拍拍屁股走人，但是老闆卻逃脫不了責任，為了企業基業長青，老闆必須在企業價值觀中注入與自然和諧相處的要素。而要做到這一點，老闆應該著手做這樣幾件事：

1. 在經理人進入企業後，努力向經理人普及和灌輸企業正向價值觀，最大可能地讓經理人與老闆、企業保持頻率一致；

2. 主動了解經理人的價值觀，並不斷地、堅持不懈地向經理人輸送「人與自然應該和諧相處」的理念，在實際行動中感化經理人；

3. 多舉辦關愛自然、保護環境等類型的公益活動，如企業關愛社會、收養樹木等活動，可以將企業價值觀落實，從而進一步影響和塑造經理人的價值觀；

4. 將經理人的業績與環境保護等掛鉤，以制度保障經理人的價值觀與老闆的頻率一致。

　　如果老闆與經理人在價值觀上做不到統一，和平共事就是一句空話。所以，老闆一定要重視價值觀認同這件事，在經理人進入企業前要考察經理人的價值觀；在經理人進入企業後，更要關注經理人的價值觀。只有價值觀統一了，老闆管理企業才能自如，經理人衝業績才不會偏離正軌。

第 3 章
共結事業死黨，一起學習成長

　　經理人與老闆之間的關係，一直是微妙而尷尬的。因為種種原因，有的老闆從來都沒有將經理人看作是自己的事業夥伴，只是把經理人當成解決公司當下問題的一個過客；而有的經理人因為對自己沒有明確的方向，也往往將自己定位為「高階職員」，不把企業的發展與自己的未來連結起來。這樣的情況往往導致老闆總覺得經理人沒有事業心，而經理人又覺得老闆要求太苛刻，老闆與經理人之間的和諧相處也就成了一句空話。

　　其實，同在一個企業共事，老闆和經理人在工作上雖然是上下級關係，但兩人的目的是一致的，都是想在企業的發展中實現自己的價值，這個價值既包括物質的，也包括精神的。而在工作之外，老闆與經理人又可以是朋友、是兄弟，可以一起學習成長。

　　為什麼很多老闆與經理人之間的關係非常脆弱，一旦有矛盾衝突就無法解決？就是因為他們之間除了工作關係，就別無其他交點。不論是老闆還是經理人，都需要情感互動，如果兩人沒有工作之外的其他連結，不能共同進步，兩人是

無法長期和諧相處的。

　　某建材企業因為規模的擴大需要引進一批高水準的經理人參與企業管理，老闆希望能找到一位懂市場的經理人來分擔自己的壓力。不過，這位老闆非常強勢，脾氣也不太好，對經理人的要求比較嚴，尤其對事業心不強的員工非常看不慣。

　　公司招募了幾任經理人，但這些經理人在進入企業後，不能很快適應企業的環境，也處理不好與老闆的關係，最終都主動辭去了工作。這讓老闆非常沮喪，他沒有想到自己找一位合適的經理人這麼難。

　　後來，經過老闆的熟人介紹，一位三十多歲的青年人進入企業，擔負起了經理人的角色。這位經理人在進入企業前就已經打聽好了企業的情況，所以在進入企業後，他非常注意與老闆的相處模式，為了讓自己能夠與老闆建立良好的關係，在工作上，他盡心盡力，努力完成老闆安排的工作，也隨時向老闆彙報工作進度；在工作之外，他經常虛心向老闆請教，有時候還會與老闆聊一些家裡的事情，與老闆拉近感情距離。為了與老闆的思想同步，這位經理人不僅讓老闆推薦書籍給自己，也主動向老闆推薦一些好書，進入企業不久，他甚至還成立了一個讀書會，號召公司員工一起讀書、一起分享，並邀請老闆加入。

　　而老闆也吸取了之前的經驗，對自己的脾氣有所收斂，

不再單純地要求經理人對公司忠誠、對工作熱愛，而是積極幫助經理人適應公司環境，主動詢問經理人哪些方面需要幫助，甚至關心經理人的生活情況。

這一系列的改變，讓老闆和經理人之間的關係很快就拉近了，老闆甚至非常樂意找經理人交流一些如何與年輕人相處的問題（因為老闆的兒子已經二十多歲了），也會分享一些自己與家人相處的經驗；而經理人的能力也得到突飛猛進地提升。經過幾年的發展，這位經理人深得老闆賞識，最後成為了企業的股東之一。

老闆與經理人之間，如果只是講求公事公辦，顯然是很難相處好的。經理人如果只知道做自己的工作，只知道拿多少錢就做多少事，不懂得與老闆一起分享、一起成長，那他最終也難以獲得老闆的青睞。那位經理人成立讀書會並邀請老闆一起參與，就是找到了與老闆交流的通道。

老闆如果只知道要求經理人忠誠於企業，不在感情上打動經理人，不讓經理人獲得心理上的滿足，那經理人也是無法與其同結事業心的。所以說，老闆與經理人的相處，不但要落實在工作中，還要落實在工作之外，要能夠找到共同的愛好，並在彼此看重的地方找到共鳴，只有這樣才能相處得很好，直至結成事業死黨。而要做到這些，從以下這幾方面著手，或許更有效果：

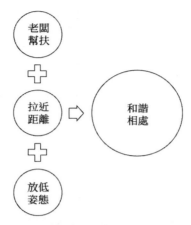

圖 2-4 老闆和經理人和諧相處的方式

▶老闆要善於幫扶，拉近感情距離

　　在剛說到的這個案例中，前幾任經理人之所以不能很快地適應公司環境，一方面與經理人自身的交際能力和適應能力有關，另一方面也與老闆有著莫大的關係。經理人要融入一個完全陌生的環境，是需要時間、需要老闆幫扶的，如果經理人剛進入企業，老闆就希望他忠於企業，能夠很快出業績，這是非常不現實的。

　　有的老闆總想著保持自己的威嚴和權威，所以總保持一副冷冰冰的樣子，不願意與經理人拉近距離，這會導致經理人與老闆之間總是隔著一層障礙，沒有辦法暢快溝通。如上面提到的老闆，因為比較強勢，加上脾氣不好，會讓經理人覺得不可接近，難以敞開心扉交流，而缺少溝通交流的企業

是沒有辦法實現高效運作的，這也是導致幾任經理人都無法
適應企業，最終離開企業的原因之一。後來這位老闆意識到
了自己的問題，開始主動接觸經理人，採用一些方法拉近與
經理人的距離，經理人也主動與老闆溝通交流，雙方的努力
最終換來了和諧共生的局面。

我在多年的經理人生涯中看到老闆與經理人不能和諧相
處的情況太多，很多情況下並不是老闆或者是經理人某一方
的原因，而是雙方在相處時都有問題。新的經理人進入企業
後，老闆若是能積極幫扶其適應企業環境，並在某些方面幫
助經理人樹立威信，經理人的工作展開就會順利很多；在幫
經理人布置任務時，也應當尊重經理人，而不是頤指氣使。
同時，經理人也應當積極配合老闆，對老闆保持應有的尊
重，這樣才能同心協力，結成堅強的事業同盟。

總之，人是感情動物，即使是在職場，只要保持「人敬我
一尺，我敬人一丈」的心態，雙方是可以非常和諧地相處的。

▶強烈的事業心來自於精神鼓勵

許多老闆會抱怨經理人沒有事業心，抱怨他們雖然拿著
高薪，卻只會按部就班地完成安排給他的工作，不懂得自己
主動去找事做，不會像老闆一樣為企業的發展殫精竭慮。但
是老闆卻沒有想過，經理人為什麼會缺少事業心呢？這與老
闆有沒有關係？

誠然，當下有一些經理人確實眼裡只有錢，做工作的目的就是為了拿到高薪和高抽成。但一個成熟的經理人是不會只盯著錢看的，成熟的經理人有自己的夢想和目標，有自己的事業規劃，之所以沒有表現出來，很可能是因為得到的鼓勵不夠或身處的環境不適合。

所以老闆要不時地給予經理人精神鼓勵，鼓勵他發揮自己的潛能，尋求自己的夢想，而不是把經理人當成只會工作的機器。經理人有時候也像普通員工一樣，需要得到老闆的肯定和鼓勵，需要老闆帶著一起往前衝。

一旦經理人的潛能被激發出來，熱情得到點燃，他自己就會主動出擊，尋找方法和途徑去達成目標。知遇之恩是最讓經理人感動的，老闆的精神鼓勵是經理人事業心增強的良藥，老闆一定不能吝嗇自己的精神鼓勵。有了知遇之恩，經理人還會不與老闆同心協力，共創事業嗎？

▶保持順暢的溝通

我們都知道，對任何人來說，順暢溝通的前提是互相信任。為什麼朋友之間溝通起來輕鬆愉快，而陌生人之間溝通起來非常費力？因為朋友之間有信任，而陌生人之間沒有信任。老闆與經理人之間的溝通也是這樣，如果兩人之間沒有足夠的信任，老闆說話總會遮遮掩掩，經理人說話也是吞吞吐吐，這樣一來，老闆的指令是無法準確傳達的，至於執行

結果那就可想而知了。

老闆與經理人，除了是上下級的工作關係外，更多的應該是朋友關係。透過老闆的幫扶、鼓勵與支持，經理人在取得業績的同時自然會產生對老闆的感激之情，自然也願意與老闆交朋友，成為朋友後，經理人與老闆之間會知無不言、言無不歡，管理效率必然大大提升。

在前面提到的那個案例中，經理人積極請教老闆，並與老闆分享家裡的事情，而老闆受到感染後，也開始向經理人諮詢一些如何與年輕人相處的問題。這說明老闆與經理人已經開始交心了，彼此的信任已經如朋友般牢固，溝通自然不是問題。

所以，老闆要放棄對經理人的一些成見，把經理人當成是自己的朋友一樣來對待 —— 他來到企業是要為企業帶來效益的，但他本身也需要從企業獲得成長。多個朋友多條路，公司的經理人說不定就是老闆以後的合夥人呢！成為朋友，其實也是在為老闆儲備人脈。

▶成立讀書會，一起學習成長

老闆與經理人共結事業死黨，說起來簡單，但真正做起來是非常難的。畢竟老闆是企業的所有人，而經理人只是企業的管理者之一，雙方所處的位置、看問題的角度和思考模式大不一樣，要結成事業死黨，就必須在學習中完成思想統一，尋找雙方更多的共同點。

　　成立讀書會，就是完成思想統一，一起學習成長，尋找雙方共同點的最佳方法之一（如圖 2-5 所示）。透過讀書，經理人可以了解老闆的思想和想法，可以學會站在老闆的角度思考問題；而老闆也可以藉機掌握經理人的所思所想，以便在合適的時機引導經理人與自己思想統一。

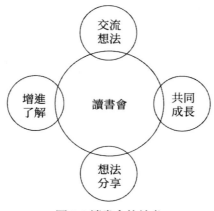

圖 2-5 讀書會的益處

　　讀書會的形式可以是多種多樣的。有的企業將一個月的某一天定為企業全部員工的讀書日，這一天企業所有的人員必須參加，連老闆也不能例外。在讀書會上，大家可以交流讀某本書的心得體會（這本書可以是企業統一購買的），也可以向其他人推薦自己讀過的好書，總之是要讓每個人的想法都在讀書會上得到呈現與分享。

　　老闆和經理人也可以以朋友的身分私下成立單獨的讀書會，空閒時間交流想法，分享心得。如果關係比較融洽，還

可以將雙方的家人也一起拉入到讀書會中來，這樣更能增進彼此的信任。

總之，老闆要想與經理人和諧相處並結成事業死黨，就不能僅僅限於工作本身，要從生活、學習等多個方面著手，只有這樣，老闆才能省心，經理人才能舒心。

第 4 章
保持情感連結，像家人一樣相處

　　每個人對情感交流與溝通都有著天然的渴望，老闆與經理人雖然在工作上是上下級的從屬關係，但這並不妨礙他們在情感上保持連結。所謂情感連結，就是指老闆和經理人能夠像朋友和家人一樣，彼此形成默契，在工作上互相配合與支持，在生活中互相關心和幫助，在空閒時間還能找到共同的興趣愛好一起休閒娛樂。這樣的情感連結能將老闆與經理人的距離拉得更近，從而擰成一條粗壯的繩子，共同帶領團隊取得更好的成績。

　　為什麼有的企業人員流失特別嚴重？為什麼有的企業幾個月就換一個經理人？為什麼老闆總感覺沒法完全了解自己的經理人？這其中一個重要原因就是老闆忽視了與下屬的情感連結，無法收服下屬的心，導致企業就如一盤散沙，一有風吹草動就會出現嚴重問題。

　　有的老闆總是羨慕別人的經理人能夠為老闆出生入死、能獨擔大任，殊不知自己從來沒有將經理人當成自己人，經理人又怎麼可能真心替老闆著想呢？

　　某企業經過精心選拔，招聘了一位很不錯的經理人，這

位經理人入職後非常敬業，老闆安排的任務他都兢兢業業地完成。但是他並沒有滿足於當前的工作狀態，不但積極幫助團隊成員完成工作，還向老闆提出了很多有建設性的建議，老闆對這位經理人也很滿意，因為這位經理人的事業心有時候比老闆自己還強。

有一段時間，老闆發現經理人的工作積極性突然有些低落，他非常納悶，於是私下詢問了經理人手下的員工。原來，經理人自從入職後工作一直非常認真，他常常因為忙工作而沒有時間去照顧家人，時間一長，經理人的家人也心生不滿，尤其是孩子還小，其他的家庭成員也要上班，經常累得筋疲力盡。經理人有時候很晚回家、早上又走得很早，孩子一天幾乎都見不到爸爸。這樣的情況下，必然會產生家庭矛盾。

了解到這樣的情況後，老闆的心裡也「咯噔」一下。他想到自己因為經理人做事很認真、可靠，就把太多事都交給經理人去做，有時甚至是自己的私事都會讓他去幫忙，而自己卻從來沒有在意和關注過經理人的家庭和生活，經理人曾經邀請自己去他家做客好幾次，可自己一直推脫沒去。這真是自己工作的失誤。

於是，老闆立刻做了兩件事，一件事是找了一個合適的機會，邀請經理人一家去郊外度假，另一件事是讓經理人代表自己去參加了一個企業的領獎活動。在度假的時候，老闆

向經理人及其家人表達了自己的歉意，並向經理人許諾，每
個月可以專門騰出幾天時間來陪伴家人；而讓經理人代表自
己參加領獎活動，則是向企業所有的員工表明，他非常重視
和欣賞經理人。從此以後，老闆也特別注意，有不滿情緒時
會與經理人單獨談，不再在大庭廣眾之下批評那位經理人了。

　　這樣一來，經理人的幹勁更足了，而他與老闆之間的關
係也更加融洽了。

　　我們都知道，只有在將心比心的時候，一個人才會更願
意無私地付出，才會熱情澎湃地去努力。如果這位老闆只知
道讓經理人心甘情願地付出，而不知道關心他、不知道與經
理人保持情感連結，那在不久之後，經理人就會失望地離開
這家企業。經理人在認真工作的時候，除了想獲得物質利
益，更希望得到老闆的肯定、關心和尊重，如果老闆能夠像
對待家人一樣對待經理人，經理人在感受到這樣的尊重和信
任後，就會以百倍的努力來報答老闆。可以設想，這位老闆
在發現經理人積極性不足時，如果只是一味埋怨，認為他對
待工作懈怠了，那經理人感受到的只能是無盡的委屈，再加
上家庭的壓力，他最後只能選擇偷懶，或者離開這家企業。

　　所以說，老闆與經理人之間保持良好的情感連結，能夠
掌握經理人的心理動向，在工作中給予經理人足夠的尊重和
關心，就可以激發出經理人的工作熱情，使其安心貼心，為
企業做出更好的業績。

那麼，老闆如何才能保持與經理人之間的情感連結呢？如圖 2-6 所示。

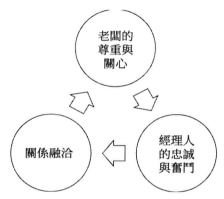

圖 2-6 老闆如何保持與經理人的感情連結

▶老闆要給予經理人尊重和關心

經理人來到企業後，有的老闆覺得自己給經理人發著高薪，經理人就得什麼事都聽自己的，甚至在指派任務和指出錯誤時，完全不顧及經理人的臉面，想說就說、想罵就罵，殊不知，這樣的行為會給經理人的心裡留下很大的傷害。老闆可能覺得，他已經是我的下屬了，就如成了我的孩子一樣，但其實經理人與老闆的關係，遠沒達到這個狀態。許多經理人會很快離開企業，甚至心懷怨恨而採取一些極端方式，如破壞團隊、挖走人才等。

只有老闆對經理人給予足夠的尊重和關心，經理人才會心懷感激，激發潛能，為了企業而打拚不已。

　　上述案例中的老闆在醒悟過來後，非常注意不在員工面前批評經理人，這就是尊重的表現。如果老闆不顧經理人的尊嚴，隨意喝斥，指派任務時也只會命令，那經理人在執行任務的時候是不會心甘情願的，更別說是積極、有效率地開展工作了。另外，老闆懂得讓經理人分享企業榮譽，讓經理人參與領獎活動，表示了對經理的重視，也是一種變相的激勵。

關心經理人的情緒和家庭

　　人是感情動物，也是情緒動物。經理人每天不僅面臨著業績與團隊管理的壓力，還要面對家庭的壓力，所以情緒上有些波動也是正常的。身為老闆，要想讓經理人安心工作，就需要平時注意經理人的情感動態，給予經理人關心和愛護。

　　首先是關心他的家庭。家是一個人情感的寄託，關心他的家庭就是在關心他。如果知道他遇到了家庭難題，老闆能主動關心，幫忙解決，經理人必然感激不盡，最終，他會以實際工作來加倍回報老闆。

　　老闆在遇到一位非常不錯的經理人時，往往會想方設法將其長久地留在企業，而關心其家庭就是非常有效的一個辦法。案例中提到的邀請其家人一起度假，幫助經理人的孩子進入好的學校，讓彼此的太太成為朋友等，這些對老闆來說可能是輕而易舉的，但卻足以讓經理人很長時間都心懷感恩。

再者是關心經理人的情緒變化。有時候經理人因為業績或者家庭的壓力，情緒出現波動，工作積極性受到影響，這時老闆不應該只知責備，而應像朋友一樣詢問其原因，並給予針對性的幫助和鼓勵。

其實，大家都知道一個理，就是家庭不和睦的人，工作也不會安心盡心。老闆更懂這個理，就看是否重視了。

談工作、談理想，也要談想法、談生活

透過暢談理想，可以讓老闆與經理共結事業死黨。但這些都是基於工作本身而言的，老闆和經理不但在工作上能夠交流和分享，更可以在生活中成為好朋友。

我遇到過一位老闆，他就非常善於在閒暇之餘與核心員工一起聊聊想法，談論自己對未來生活的規劃。對於一些偏感性的人來說，與別人分享這些東西是一種享受，能讓自己身心愉悅。無論是老闆，還是經理人，如果私下可以在生活、理想等方面也達成共識，也能合得來，在工作中更可以默契配合。

交流興趣愛好，成為莫逆之交

每個時代，能夠成大事的人，他們的身邊總有幾個莫逆之交在默默地支持著他們。他們有共同的愛好，除了事業，他們在興趣愛好上也能找到共通點。這樣的例子數不勝數，例如，某企業家特別鍾情於腳踏車，他在工作之餘，總會召

集一群人進行腳踏車運動，為此，他接觸到各行各業的人，也找到了一些與自己志趣相投的好朋友，甚至後來他跟一些朋友合作，開創了一番新的事業。

人的興趣愛好是一種非常強大的力量，它能夠影響身邊的人。如果老闆喜歡爬山，他就會經常規劃爬山活動，在這個過程中，那些具有相同愛好的人就會聚在一起，共同交流和分享，甚至結成終生的事業夥伴。

所以說，如果老闆或者經理人能夠找到共同的興趣愛好，那他們就可以成為無話不說的好朋友。在追求興趣愛好的過程中，彼此的理解和配合會更加密切，即使不能成為終生的事業夥伴，也會在工作中團結起來，爆發出驚人的力量。

老闆怎麼和下屬交流興趣愛好？要做到這點，老闆們首先需要放下身段，不能高高在上，不光要有平等的姿態，還要有平等的心態。去做，並不難；但要做好，卻不易。難在哪？難在心態上。

如果老闆們在這方面能突破，企業中的團隊與核心員工，一定會是另一番狀態！企業的春天，也會悄然而至。

▶經理人要對老闆保持尊敬和忠誠

情感連結並不是單向的，它是需要在互動中加深和加強的。上面說了很多老闆如何與經理人進行情感連結的方法，並不是說只要求老闆與經理人進行連繫，而是因為老闆在地

位和格局上更具有主動性，他如果能夠主動與經理人進行連繫，就會使彼此的溝通和默契更快捷和更有效率。

在老闆主動與經理人溝通的過程中，經理人也要懂得回應老闆。上面說到的方法並不是只對老闆適用，對經理人來說也同樣適用。只不過，經理人因為地位和身分的原因，在與老闆進行情感連結的時候一定要掌握好一個大的原則，那就是時刻保持對老闆的尊敬和忠誠。

老闆在地位上來說是強勢的，經理人如果忽略了對老闆的尊敬，就會導致好心辦壞事的結局。本來經理人是關心老闆的情緒，想與老闆探討想法、愛好等，但是如果方式不恰當，老闆就會誤解，甚至產生反感。

至於忠誠，這是每一位老闆都十分敏感的地方。經理人如果缺失忠誠，而又想與老闆建立情感連結，這幾乎是不可能的。老闆對於不忠誠的經理人提防還來不及，更別提是像家人一樣相處了。

但忠誠絕不是表面的奉承，更不是嘴上的信誓旦旦，而是實際行動上的誠實表現，在企業利益與個人利益發生衝突時的先公後私，對企業發自內心的愛惜和自豪，這些都是真情的流露，是日久天長之後給人的感受和出自身邊人內心的真實評價。

關於情感連結，還有很多東西值得老闆和經理人去學習和探索。用人先服其心，如果老闆連經理人的情感、情緒都

摸不透，那在工作中進行溝通是極為費力的，不但效率低下，還會影響整個企業的正常執行。為了企業的未來，老闆必須重視與經理人的情感連結。

第 5 章
共同打造和傳承企業文化

　　有些企業在經過一段時間的野蠻成長後，開始意識到，企業不能只看利潤和業績，企業文化才是一家企業基業長青的基礎。尤其是對中小企業來說，當企業的規模還比較小的時候，企業靠著老闆一己之力就可以管理得很好；而當企業發展到一定規模時，就會出現各式各樣的問題，諸如團隊戰鬥力不強、員工的積極性不高、產品品質不穩定等。這些問題如果得不到解決，就會嚴重影響企業的發展，而要去解決，老闆又不知道該如何下手。

　　其實，這是因為企業不重視企業文化所導致的。沒有文化的企業就如一盤散沙，難以形成核心競爭力。員工來到這樣的企業中，會找不到自己的歸屬感，甚至會被不良的企業環境引向歧途，導致員工與企業之間的惡性循環。所以，企業老闆和經理人一定要聯手打造出優良的企業文化，並使之進入每一個員工的心裡。身為企業的所有者和管理者，老闆與經理人不但要打造出良好的企業文化，更要善於傳承企業文化，讓企業文化成為企業發展的基因，使之形成核心競爭力，以此來保障企業基業長青。

　　某聞名各地的醬料品牌創立於西元 1888 年，歷經時間的洗禮和考驗，發展到今天已有一百多年，而其品牌的價值也隨著企業文化的傳播而水漲船高。此品牌是家族企業，其創業歷史歷經五代，在這漫長的發展歷程中，其企業文化也一步步完善。「思利及人」是品牌的核心企業文化，它鼓勵每一位員工能夠為他人著想，能夠將「弘揚中華優秀飲食文化」的企業使命發揚光大，根據第四代傳人的解釋，品牌的企業文化具體表現包含 9 個法則，即使命、借力、創新、自律、專心、誠信、學習、平衡和系統。員工無論對家人、對朋友、對同事、對合作夥伴，還是對其他人，只要在行動上堅持這 9 個法則，就能夠收穫成功、美滿的人生。

　　擁有了這樣的企業文化，品牌在發展過程中，就能凝聚人心，讓員工以在此品牌工作為豪，以為企業奉獻為豪。而反過來，品牌的企業文化也深刻影響著員工的生活方式，員工不管以後是否還在品牌內工作，都能將「思利及人」的文化傳播出去。

　　一家能夠傳承百年的企業，正是因為有了強大的企業文化，它才會不斷煥發出生機，吸引和影響更多人。對於此醬料品牌來說，「思利及人」的企業文化就像一塊磁鐵，牢牢地吸引著員工，讓員工之間的關係更加融洽。品牌的掌舵者換過很多人，但不管怎麼換，企業的發展絲毫不受影響。

　　所以說，如果老闆和經理人能夠打造出像此醬料品牌一

樣強大的企業文化，那企業的發展就會如虎添翼。而這樣的企業文化會影響經理人和所有的員工心繫企業，隨時把企業的發展跟個人的發展連結在一起。只要文化在，人心就不會散，經理人與老闆的關係自然就會融洽，他們會在企業文化中找到共同的方向和目標；同理，經理人要想在企業中如魚得水，獲得老闆的青睞，就要善於融入企業文化，當優良企業文化的守護者和捍衛者。

那老闆與經理人應該打造和傳承什麼樣的企業文化，才能讓企業基業長青，讓企業所有人和諧相處呢？

▶走正道，塑造企業正能量

任何一家健康發展的企業，其文化都是充滿正能量的，企業作為重要的社會組織，它影響著社會的健康發展。有的企業老闆為了賺錢，總是透過各式各樣的不正當方法來盈利；有的老闆為了企業私利，不惜破壞環境私自排汙，這樣的企業一時之間可能賺到錢，但絕不會長遠。身處具備正能量企業的員工，他們整體的精神面貌是積極向上的，他們待人接物熱情周到，做事認真踏實；而身處充滿負能量企業的員工，他們整體的精神面貌是消極的，公司的文化會讓他們變得自私自利，為了小利不擇手段。

因此，老闆要基業長青，需隨時讓企業充滿正能量，並透過正能量影響經理人，影響全體員工。之前我們提到一位

經理人因為價值觀不正，導致他為了業績而向河水中偷排汙水，最終影響企業聲響，這家企業如果有強大的正能量，或許就可以影響這位經理人的價值觀，他也就不會為了業績做出損人不利己的事情了。

塑造企業的正能量，老闆首先得心存浩然正氣。老闆是所有員工的榜樣，更是經理人的榜樣。同時，如果老闆在某些方面有失誤，經理人一定要即時指出，防止老闆走入歧途。三鹿奶粉的高層如果有一個人能出來阻止老闆不法的行為，或許就能夠拯救企業走出歧途。

「城門失火，殃及池魚」的道理誰都懂，經理人不能以為企業是老闆的企業，當老闆犯錯的時候自己沒有必要去冒犯老闆。老闆犯錯，企業衰落，經理人豈可安好？

▶勇於承擔企業公民 [6] 的責任

企業是社會的細胞，社會是企業利益的源泉。一家充滿正能量的企業一定是一位好的企業公民，它能夠在獲取利益的同時回報給社會巨大的價值。企業公民表現在 6 個層面（如圖 2-7 所示）：公司治理和道德價值、員工權益保護、環境保護、社會公益事業、供應鏈夥伴關係、消費者權益保

[6]　企業公民是指一個公司將社會基本價值與日常商業實踐、運作和政策互相整合的行為方式。一個企業公民認為公司的成功與社會的健康和福利密切相關，因此，它會全面考量公司對所有利害關係人的影響，包括員工、客戶、社群、供應商和自然環境。

護。企業的管理者如果能夠在這 6 個方面有所作為,那良好的企業文化就會自然形成。

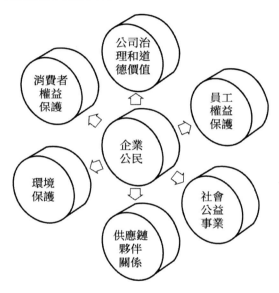

圖 2-7 企業公民的表現層面

對經理人來說,完成自己的業績,為企業帶來效益,這是基本的職責,在完成這個基本職責的同時,若能全面地顧及企業公民的方方面面,那必定會帶來不一樣的價值。

承擔企業公民的責任,並不是老闆或者經理人一個人的責任,而是整個企業的責任。老闆和經理人需要打造出正能量的企業文化,引導全體員工都為企業公民的責任盡力,只有這樣,企業才會健康向上。

▶關愛員工、營造良好的企業氛圍

在企業公民的概念中，有一項內容就是員工權益保護。一個具有健康文化的企業，必然是最大程度維護員工權益的企業，那些只在乎員工業績而不懂得關愛員工的企業是無法獲得長久發展的。

我們熟知的迪士尼樂園，其企業文化就是為大眾製造快樂。迪士尼認為只有員工把工作當成是一種快樂，才有可能服務好顧客，才能把快樂傳遞給每一位遊客。他們的員工不稱為「職員」，而是「演員」，公司人員每天上班換上所扮演角色的服裝，那不是「制服」或「工作服」，而是「戲服」。迪士尼的管理者不認為樂園是員工的「工作場所」，而把它看成為大眾「提供娛樂的大舞台」。在迪士尼公園，不管是白雪公主的扮演者，還是普通的清潔工，他們都是樂園的「主人」。

正是這樣輕鬆愉快的企業氛圍，讓迪士尼的員工感受到了企業的關懷，他們把發自內心的快樂傳遞給每一位遊客。在迪士尼內部，管理者和員工的關係也非常融洽，大家快樂相處，愉悅工作。

在關愛員工方面，老闆和經理人擁有同樣的責任。有的經理人覺得自己也是老闆請來的「員工」，關愛其他員工是老闆的事情，這就大錯特錯了。經理人不但要協同老闆一起塑造良好的企業氛圍，還要多關愛員工，幫助老闆凝聚人

心，這樣老闆才會覺得經理人是跟自己貼心的，老闆才會把經理人當家人看待。

▶做慈善，引導企業的公益文化

這幾年企業的慈善文化越來越普及，每當各地遇到規模較大的天災時，各地的企業都會積極行動起來，捐款或捐物資支持災區，這些義舉會在整個社會營造出一種互幫互助的友好氛圍，同時也給企業的榮譽和品牌影響力產生積極的影響。

除了這些大方面的慈善，很多企業也已經將慈善文化融入了企業的方方面面。例如動員員工關愛社會弱勢群體、定期捐款給社會慈善機構，有的企業還認領一些城市樹木或草地等，為環境治理做貢獻。這些善舉會影響員工，讓員工對企業產生價值認同，從而更加忠實於企業。像是上述提及的醬料品牌就經常設立慈善基金，讓那些有夢想的人得到資助，實現他們的夢想，進而傳播品牌的企業文化。

值得注意的是，老闆在塑造企業文化的過程中，不但要以公司的名義做公益，更要以個人名義積極支持和推動公益，因為這不但關係到企業的品牌價值，更影響著企業員工對老闆的認同，當經理人或者其他新員工進入企業，他就會很快被企業文化同化，被老闆的善舉折服。

▶企業文化培訓與活動

　　老闆透過各種方式去打造企業文化，這對老闆來說並不難。難的是老闆如何將企業文化深刻地植入每一個員工的心裡，怎樣讓這樣的企業文化不斷傳承下去。一些國際性的大公司為了傳承企業文化，特意創辦了企業大學，但對中小企業來說，創辦大學不太現實，最好的辦法就是透過舉辦培訓活動來落實企業文化，在培訓的過程中，員工不但會受到企業文化的薰陶，更會增長知識、開闊眼界、獲得成長。經理人自己不但要積極參加培訓活動，更要主動承擔起培訓的責任。

　　新的經理人進入公司的時候，積極參與企業活動、融入企業文化，自己才能更快、更好地融入企業大家庭，為自己工作的開展鋪平道路。

第 6 章
別讓過大壓力壓垮經理人

我曾經聽到過這麼一件事情。

某位老闆想要招募一位經理人，因為他覺得自己承擔的壓力太大，並且他不太精通公司管理的許多方面，找個人分擔可以讓他有時間做自己擅長的事情。聽到老闆有這樣的想法，公司其他管理者都非常支持。

不過，在該公司連續聘用了三任經理人後，最後一任經理人在入職不到一個月後就辭職了，理由是不適合企業的發展。公司的 HR 經理滿腹疑問，在短短的半年時間裡，為什麼公司聘用的三任經理人都相繼離開？為什麼面試時都感覺不錯，進入公司後卻又說不適合公司發展？除了經理人自己的問題外，公司是不是也有問題？

有了這樣的想法，HR 經理開始尋找原因，他以朋友的身分約了前幾任經理人聊天，在聊天過程中，他得知，這三任經理人共同的一個感受就是他們幾乎無法完成老闆指派的任務，壓力大得他們經常睡不著覺。

HR 經理又去問了老闆，問老闆覺得給經理人的壓力大不大。老闆一臉莫名其妙地說：「我找經理人就是來承擔壓

力的，不給他們壓力那給什麼？再說了，我覺得給他們的壓力跟我相比，一點也不大……」

相信很多老闆的想法跟這位老闆的想法是一樣的：自己聘請經理人是必須要幫自己分擔壓力的，並且老闆從來不考慮經理人能不能受得了這個壓力；把經理人的抗壓能力跟自己做對比，總認為經理人抗壓能力太弱；而經理人一旦無法完成任務，老闆又會給他們更大的壓力。

我曾經也遇到過這樣的問題，當任務壓力過大時，我也會失眠，也會想要放棄，只不過後來在老闆的幫助下我咬著牙堅持下來了。其實，上面老闆的想法並沒有多大的問題，給經理人一些壓力，對企業的發展和激發經理人的潛力很有好處。但是老闆們都忽略了一個問題，那就是對經理人抗壓能力和水準不太了解，甚至還錯誤地選擇以自己的抗壓能力作為參照。

老闆久經沙場，其抗壓能力是在一步步的磨礪中逐漸提升起來的，必然要比經理人高很多。如果老闆以自己為參照，那符合要求的經理人可想而知不會太多。老闆如果不能清楚掌握經理人的抗壓水平，壓力一旦超出了經理人的承受極限，他就會選擇逃離或放棄。

這就是為什麼在有些企業裡，經理人總是走馬燈似地更換的原因之一。要想經理人密切配合老闆，並死心塌地地跟著老闆，老闆就別讓過大的壓力壓垮經理人。

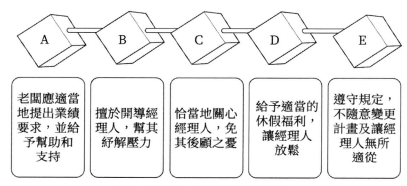

圖 2-8 別讓過大的壓力壓垮經理人

A 老闆應適當地提出業績要求，並給予幫助和支持

B 擅於開導經理人，幫其紓解壓力

C 恰當地關心經理人，免其後顧之憂

D 給予適當的休假福利，讓經理人放鬆

E 遵守規定，不隨意變更計畫及讓經理人無所適從

▶老闆要適當適度地提出業績要求並給予支持

　　不給經理人過度壓力，並不意味著老闆就不能給經理人壓力。適度的壓力對企業、對經理人來說都是好的。一般情況下，經理人進入企業的時候，老闆會對經理人提出業績要求和期望，有的企業還會與經理人簽署一份業績保證書——若無法完成預期的業績，就意味著經理人失職，所以在提出業績目標的時候，老闆一定要清醒。有的經理人在初進企業時，對企業環境不熟悉，也會主動提出一些不切實際的業績目標，為的是博得老闆的青睞；而老闆如果被經理人蒙蔽，會非常興奮地同意這個目標。

　　殊不知，不切實際的目標對企業和經理人來說都是有害的。對企業來說，目標被制定出來但沒有完成，這就會影響員工的士氣，影響企業整體的策略規劃；對經理人來說，業

績無法完成，其壓力會驟增，他的內心會產生羞愧。而如果
經理人的羞愧心轉嫁於老闆，他就會無意識地認為是老闆太
黑心，故意讓自己無法完成指標。

如果發生這樣的情況，那經理人是待不長久的。經理人經
常輪換，又會影響團隊的凝聚力，反過來影響的還是企業自身。

所以，老闆在與經理人共同工作的時候，一定要幫經理
人制定合理、恰當的業績目標，在制定業績目標的過程中，
老闆就可以順便了解該經理人的抗壓水平，從而在以後的壓
力分擔時做到心中有數。

老闆一旦確定了經理人的業績，那就只能催促經理人盡
快落實了，只要指標合適，經理人一定能夠完成。不過，在
這個完成的過程中，經理人必然會遇到各式各樣的問題，這
個時候，老闆的幫助就顯得很重要。老闆幫助經理人的過
程，就是與經理人建構良好關係的過程，等到業績達成，經
理人必然對老闆心生感激。我在多年的經理人生涯中，對此
深有感觸。

▶善於開導經理人，幫他疏解壓力

人在遇到壓力的時候，會非常渴望得到別人的安慰，或
者是透過傾訴等方式來疏解壓力。曾經有很多經理人也公開
表示，當自己壓力非常大時，會整夜失眠，甚至找不到緩解
壓力的辦法。

其實，老闆就是經理人疏解壓力的一劑良藥。經理人在工作中遇到的壓力，無非是來自於老闆、來自於企業，如果老闆能俯下身來即時對經理人進行開導，或許經理人的壓力就會減輕很多。老闆的關懷和開導，總能給經理人很多信心和勇氣，經理人會將壓力化作動力，工作也會更有效率。

我的一位經理人朋友，他就非常擅長疏解壓力。當工作壓力大到他感覺承受不了時，他會主動找到老闆說明情況，尋求老闆的幫助或者開導，有時候如果老闆也無法幫助他時，他就會向老闆告假，採取自己獨創的「閉關」等方式排解壓力。

另外，一個人在壓力過大時，情感是非常脆弱的，如果老闆能即時地開導經理人，就會在感情上拉近與經理人的距離。經理人在扛過壓力後，會覺得是老闆幫助自己扛過去的，也會更加忠誠於老闆。

▶恰當地關心經理人，免其後顧之憂

當一場重要的會議快要召開的時候，老闆發現經理人竟然還沒有來。他打電話給經理人，當經理人接起電話時，老闆憤怒地痛罵一頓，並告訴經理人，在會議召開時，如果趕不過來，那就請他主動辭職。經理人不好意思地解釋說，家裡出了點問題，情況緊急，沒有提前打招呼，希望老闆諒解。老闆氣呼呼地掛了電話，什麼也沒有說……

　　其實，老闆知道經理人家裡的情況比較複雜，年邁的父母和年幼的孩子都需要他照顧，但這與公司沒有關係啊！他只關心經理人的業績達成情況，老闆覺得，自己付薪水，經理人達成業績，這是天經地義的。

　　可是老闆根本沒有想過，經理人的家庭情況其實與公司有著莫大的連結 —— 如果經理人的家庭不需要經理人過多操心，他就會將大部分精力都放在工作上，業績肯定比現在更好。從這個角度來說，經理人的家庭絕對與公司有著割不斷的連結。

　　老闆適當關心經理人的家庭，因為關心他的家庭，就是與他建立感情連結，如果能順便解決經理人的後顧之憂，那經理人對老闆豈不是會感激涕零？

　　況且，經理人承受的壓力，有時候並不全部來自於工作，家庭的壓力也會影響經理人的工作。在工作壓力和家庭壓力面前，如果非要選擇，相信很多人都會選擇承擔家庭壓力，畢竟工作並不是生活的全部。上面我們提到的這位經理人，在家庭遇到困難時，他根本顧不上工作，所以即使老闆再憤怒，他也不會拋下家庭去參加會議。如果老闆轉換個思路，派一個人去幫助經理人的家庭解決問題和困難，讓經理人解除後顧之憂，那效果是不是會不一樣呢？

▶給予適當的休假福利，讓經理人放鬆

說實話，許多經理人的工作壓力是相當大的，因為經理人拿著高薪，當企業遇到問題時，他得隨時待命解決問題。有時候，遇到專案緊急的情況，經理人可能需要長時間堅守職位，連家裡都照顧不上；有時候，半夜裡客戶打電話來，經理人可能也得立刻義無反顧地離家前往解決問題。

經理人為了業績，已經犧牲掉太多休息時間了，而長時間地忙碌，會讓經理人的身體和精神處於一種高度緊張狀態，這個時候的壓力就像是石頭一樣壓在經理人的頭上。如果經理人自己不懂得減壓，而老闆又一味加壓，那或許某一天一個很小的任務都會變成壓在駱駝身上的最後一根稻草，將經理人徹底壓垮。

任何人只有在一張一弛的情況下，狀態才是最佳的，效率也是最高的。所以如果經理人長期投入在工作中，經常加班，老闆就要主動地關心經理人，給經理人放一個短暫的假期，讓他適當地休息。經理人休息好了，身體狀態達到最佳了，他工作起來的狀態和效率不言而喻也會是最好的。

換句話說，既要工作，也要生活，是大多數經理人所追求的，但有些老闆會錯誤地認為，只要工作才是事業心強的表現，而為此要求經理人加班加點，下班也不能馬上回家，晚上看到經理人八九點鐘以前就下班，就認為這個經理人不怎麼樣、沒把企業當家，或是不盡心。但其實，衡量經理

人是否盡心盡力，最根本的指標就是看他是否有按時完成任務。我在曾經待過的企業，見過不少企業主管，只要老闆在公司，他總是在辦公室拖到很晚才回家，可老闆安排的任務，卻經常拖延或無法完成；而只要老闆出差在外，他們一定是準時下班，甚至找理由不見人影，這是典型的做樣子給老闆看。聰明的老闆，應該以成果、業績識人，而不會以虛假的表現來判斷人。須知，只有論功勞而非苦勞的企業，業績才會蒸蒸日上、才會基業長青；而真正有才幹的經理人，也才留得住、做得開心。

▶遵守規定，不隨意變更計畫，讓經理人有所適從

　　經理人的壓力，除了上面所說的之外，還有一部分壓力來自於老闆的隨性，甚至有時候，來自於老闆的壓力對經理人的挑戰才是最大的。例如，有的公司在年初就制定了一年的銷售計畫目標，並有詳細的分月計畫，有了這個計畫，經理人就會胸有成竹地根據它安排自己的工作；但有的老闆偏偏喜歡隨時打破變更計畫，要求經理人提前完成目標，或者是停止計畫任務，轉而去做其他事，臨近年底，老闆又要求要按他定的計畫任務進行考核，這樣就會讓經理人無所適從，做好工作，做出好成績，就會成為泡影。而當中的原因，有些老闆不反省自己，反而甚至責怪經理人沒能力、不聽話，實在冤枉。

在相關制度不太完善的企業裡，老闆受到的制度約束比較小，所以很多老闆喜歡根據自己的喜好隨意增加經理人的任務。如果遇到一位任勞任怨的經理人，老闆指派的任務再多，經理人也不聲不響地扛著，等到實在受不了壓力的時候，經理人只能選擇離開。因此，除了老闆不要隨意變更計畫外，公司也要將計畫跟績效獎勵掛鉤的制度在年初就訂好，讓經理人目標清晰，鼓足幹勁。最多在年中根據形勢的變化，對目標稍作調整，只有這樣，老闆才能省心，經理人也才能做得舒心。

第 7 章
幫經理人克服自身「天然的劣根性」

曾有一封老闆寫給離職經理人的信——《你永遠不懂我的心，就像白天不懂夜的黑》[7]，在網路廣為流傳。這封信道出了老闆的心聲，也寫出了很多老闆在面對經理人時的無奈，引發了很多老闆內心的共鳴。在這封信中，老闆對經理人的回答，其實正反映出了經理人這個群體普遍存在的一些問題，這些問題，我稱之為經理人自身「天然的劣根性」。

人無完人，每個人都是環境的產物，每個人身上都有一些天然的缺陷，老闆和經理人也不例外。

那麼，經理人群體存在的「天然的劣根性」，具體表現在哪些方面呢？如圖 2-9 所示。

圖 2-9 經理人的「天然劣根性」

▶缺乏事業心

很多老闆最痛恨的就是經理人沒有事業心。身為公司的高階管理人才，很多經理人經常跟普通員工一樣，只把公司當成是自己賺錢的一個平台，不想著和老闆一起共進退，也不把自己的工作當作事業來做。

但是話說回來，事業心的缺失，並不是經理人一個人的責任，有一部分因素是經理人所處的位置和處境造就的。經理人時常被人們稱之為「高階員工」，既然是受雇於人，經理人就沒有太強大的動力以做自己事業的心態去工作。人都有自私性和惰性，不是自己的事情，就不會拚命去做。老闆要求經理人具有和老闆一樣的事業心，其實也有點勉為其難。

經理人不是不想和老闆一起共進退，也不是不想具有老闆那樣的事業心，根本的原因是企業的利益跟他關係不大，企業未來發展得再好，經理人也分享不到，頂多是老闆突發善心多給點獎金，讓他在企業待得更久，所以經理人往往只埋頭做好眼前工作、關注眼前利益。這種「天然劣根性」需要經理人和老闆透過協商和制度等方式去解決，比如讓經理人享有公司股權，或者實行合夥人制度，設計讓經理人進行內部創業的機制等。

經理人有這個「天然劣根性」並不是說就可以以此為藉口自我放縱。凡事都是可以相互轉化的，說缺乏事業心是經

理人態度的問題，其實也說得通，但如果能夠督促經理人像老闆一樣，和老闆共進退，老闆自然也不會虧待經理人。化劣勢為優勢，這才是經理人該走的正道！

▶不能切身體會老闆的感受和處境

　　無論工作還是生活，沒有切身感受，就不會站在對方的角度上思考問題，這與其說是經理人的「天然劣根性」，還不如說是人類的通病。老闆總覺得經理人不能理解自己，經理人也總覺得老闆太不善解人意，其實這是因為老闆和經理人都缺少切身體會和體驗，不能設身處地地站在對方的角度上想問題。

　　我的朋友經常埋怨他的老闆太摳，出差的時候差旅報銷管得很嚴。他為公司賺了那麼多錢，為什麼老闆就不能對他好一點呢？可是這個時候，他的老闆卻在想，這個經理人真是不顧大局，如果給一個人報銷太多，其他人怎麼辦？要是人人都要求報銷這麼多，公司還怎麼發展？

　　一個人所處的位置不一樣，看問題的角度和想問題的出發點就會不一樣。經理人從自己的角度出發那樣想，沒有問題；老闆從大局出發，這樣想也沒有問題，所以有問題的是老闆和經理人不能站在彼此的角度、設身處地地去換位思考，如果老闆和經理人能站在對方的角度，互相溝通探討，就能找出雙方都能接受的滿意的辦法。

▶有後路，無顧忌

都說老闆創業就是走上了不歸路，確實是這樣。當老闆創辦了企業，他把自己的本錢和心血傾情投入，他必然想著與這個企業共存亡，當企業遇到困難的時候，無路可退，逼著老闆挺了下來。

經理人就不一樣了，企業又不是自己的，這家企業發展情況不好，可跳槽去另外一家。有了一身本事，還怕找不到東家嗎？這樣的想法也導致了經理人工作起來不會太賣力，自己有路可退，怕什麼呢！

經理人的這個「天然劣根性」有時候對企業的破壞非常大。有的經理人正是抱著這樣的心態，在企業裡面不認真工作，不負責任，有時可能會搞亂團隊，挖走人才，損害公司利益，怪不得老闆十分痛恨經理人的這一點。不過痛恨歸痛恨，老闆也要採取措施去約束經理人，比如制定制度等。

▶不忠誠，喜歡跳槽

我碰到過一個經理人，他在一年之內跳槽三次，並且每次跳槽的理由都是這個公司不適合自己發展，但當我問及他什麼樣的公司才適合他時，他又回答不了。這位經理人自恃有一定的能力和水平，他的原則就是哪家公司做得高興、哪家公司給的薪水高，就去哪家公司。

經理人如此頻繁地跳槽，就像是一個普通員工頻繁跳槽

一樣，最後會被企業拒之門外的。經理人頻繁跳槽，簡單來說，就是經理人沒有自己的發展方向，沒有自己的職業規劃，只會根據自己的喜好來做決定；說得嚴重一點，就是這個經理人沒有一點忠誠心和感恩心，做人太自私。

每個經理人進入一家企業，企業都要花費大量的精力和成本來幫助經理人適應企業環境，老闆為了能夠讓經理人盡快融入團隊，會盡己所能去扶持經理人，當經理人剛開始出現失誤或者是無法達成業績時，老闆也都會耐心地安慰。說到底，如果經理人足夠有本事，企業是非常珍惜的，但是經理人不能將企業對自己的珍惜看成驕傲的資本，一言不合就跳槽走人，給企業留下一個爛攤子。

所以，經理人在進入企業之前要深思熟慮，一旦進入企業就要沉下心來做好自己的事；另外，經理人也要常懷感恩之心，受人之託，忠人之事，否則，經理人的人生之路只會越走越窄。

▶只重金錢，不看重自己的成長

經理人，尤其是年輕一些的經理人經常會有這樣的毛病，那就是對錢看得太重，凡事都是金錢至上。固然，人要生存，離不開金錢，經理人辛苦打拚，其中一個目的就是得到更多的薪水，這是無可厚非的。但如果將賺錢作為工作的唯一目標，那經理人就會陷入唯利是圖的境地。

　　年輕一些的經理人，因為還沒有累積足夠的社會經驗，自己也沒有太多的儲蓄，所以對錢的渴望非常強烈。很多經理人跳槽的一個主要理由就是別的企業給出的年薪更高，當然這也並沒有什麼錯，但是一些經理人卻因此養成了一種思維，那就是年薪高的企業一定是更適合自己的企業。

　　其實不然，經理人行走職場，憑的是紮實的能力和豐富的經驗。年輕一些的經理人雖然可能具有較好的專業知識，但實戰經驗是很欠缺的。這個時候，經理人的目標應該是多累積實戰經驗，提升自己的能力，而不是一心撲在賺錢上。一個人的能力強了，他得到的回報（金錢）自然就水漲船高。

　　我有個朋友，4 年前有兩家外商公司看好他，因為他有海外留學背景，能用英語進行日常工作，又是專業人士。其中一家月薪約 44 萬元，請他當業務仲介；另一家月薪約 30、35 萬元，請他當專案經理。他認為自己缺少的是實踐經驗，當專案經理更能鍛鍊自己，於是選擇了後者。4 年後他告訴我，他在那家公司工作到第 3 年年初，老闆就讓他在專案裡入股，成為專案合夥人。現在每年的專案分紅，是薪水收入的兩倍。

　　經理人在行走職場時，可以把錢看得重要，但絕不能把錢當成是自己的唯一目標。經理人的眼界一定要放得長遠，如果有適合自己發展的舞臺、有能夠提升自己能力的機會，

即使錢少一點也沒有關係，只要能生活下去，錢遲早都會有的。但機會一旦錯過，就再也不會回來了。

▶喜歡誇大，不積極履行承諾

一些經理人為了得到機會，為了能夠獲得老闆的青睞，總喜歡誇大自己過往的業績和能力，但實際上，經理人的能力和水平還沒有達到那個程度，在他進入企業後，就面臨著能力不足、業績不理想、壓力過大的問題。這對經理人自身和對企業來說，都是非常不利的。

還有一些經理人，他誇大其詞的目的只是為了進入企業，一旦進入企業，他的目的就達到了。至於業績、管理之類的事情，他總會能推就推，自己什麼責任都不承擔。如果在其入職前沒有簽訂詳細的業績和任務目標合約，那就更加方便一些人渾水摸魚了。

當然，這樣的情況是比較少的。更多的狀況是經理人誇大其詞，導致老闆對他期望過高，在入職後又不能積極履行承諾，最終讓老闆極為失望，不得不辭退經理人。

不管怎樣，經理人因為自身處境等一系列因素導致他帶有「天然的劣根性」，這種劣根性正是老闆十分痛恨的。經理人如果不懂得努力去克服這些問題，就會影響自己的發展，也影響其與老闆的和諧相處。

▶附件一你永遠不懂我的心，就像白天不懂夜的黑[8]

宋先生，你好！

我考慮再三，還是決定提筆回覆這封辭職信，即使這封信可能比你洋洋灑灑的辭職信要簡短得多。

首先非常感謝你階段性加盟我們的公司，我也代表公司的全體職工及家人對你這段時間的貢獻表示感謝。當你堅持離開這片不適合你發展的「土壤」時，我很遺憾，也很痛心。我並不否認你信上所說的企業的這些問題，而這也正是我竭力邀請你加盟的原因。

下面我逐一答覆你提出的問題。

一、關於你走人企業的決策

你我雙方的定位問題，是我們分歧的根源。這看似是管理角色的界定，實質上是兩種不同價值觀的抗爭。

你知道，這個企業在風風雨雨中打拚了19個年頭，才終於走到了今天。周圍的企業一個個在我面前倒下了，我們自己也經歷了幾次死而復生，如果沒有這些九死一生的經歷，根本無法體會到箇中的滋味。這迫使我不得不戰戰兢兢，如履薄冰，如同司機開車越久，就越懂得謹慎。有些時候，並不是所有的經驗都是負債。

其實你說的這些問題，不僅僅你我，包括企業的那些高

管，大多心裡也清楚。前幾年，企業也曾積極學習某企業的先進管理經驗，為此政府部門還把我們稱為典範，但公司為這種激進的措施付出了慘痛的代價，一個企業能經得起幾次這樣的折騰？所以我不得不壓著變革的步伐，而你卻把它看成了阻力。

我內心也希望企業發展得越快越好，但我知道，彎拐太急容易跌倒，螺絲過緊容易折斷，這才是你我在授權問題上爭議的關鍵所在。經驗告訴我，企業重發展，更要注重安全，平穩的發展比忽上忽下要明智得多。今天我不敢奢望企業的涅槃重生，就企業的現狀來看，發展的速度慢一些，至少倒閉的機率會小很多。

說心裡話，我不是不信任你，我也非常讚賞你的人品，包括認可對你的背景調查，從 20 多個候選人中選定你，也說明了我對你莫大的信任。但你實踐的方法，我總需要權衡，因為成功的經驗必然基於不同的企業環境，否則廣為詬病的家族企業，就不可能在世界上有那麼多成功的先例。

事實上你我分歧的焦點在於對「企業安全」與「企業創新」之間的認知不同、立場不同。我考量更多的是企業的安全性發展，而你注重的是推動企業業績的快速成長，其他一切可以摧枯拉朽。如果推進的「改革與創新」會給企業帶來危險和不確定性，那我寧可選擇緩慢的完善。企業畢竟還沒大亂到需要大治的時候。

你可以認為我思想保守或心理準備不夠，但當一個人由身邊的喧囂變成了突然的空寂，由清晰地了解每一點動態演變成只知道企業的大概，這種懸空的感覺，讓我一次次從惡夢中驚醒。讓我完全放得下，談何容易，我畢竟是人，不是神。尤其是當我無法清晰地感受到這種變革結果的時候。

說得不客氣一點，你可以把企業當成自己某個發展階段的舞臺，但我不能，這個企業不是你所說的「當成自己的孩子」，而是我生命的全部！企業一旦經營失敗，你可以拍拍屁股走人，再繼續找一個下家，而我呢？跳樓的是我，不是你！

這個社會，老闆永遠不會有那麼多的機會拍拍屁股換個地方當老闆，就是屁股拍腫了都沒用！當你什麼時候做老闆，也許就明白了。

這無關你是否進入企業。事實上，你走入企業，是我們雙方各取所需的結果。

二、關於策略思路的配合上

問題在於，我要你來幹什麼？

我承認，我們在策略思路的配合上，由於溝通的深度遠遠不夠，導致存在了一些失誤。

當一個人擁有 45 萬元的時候這 45 萬元是自己的，擁有 450 萬元的時候這 450 萬元還是自己的，但當我們擁有 4,500 萬元的時候，這些錢就不再完全是自己的，而有部分是屬於社會的。

我不否認你超前思路的正確性，但當大家都說你對的時候，錯也是對；當大家都說你錯的時候，對也是錯。

你把業績目標或公司的效益放到了第一位，但我並不這樣認為。我的排序是：首先讓企業盡可能地延續下去，其次才是企業的發展。儘管我對業績目標有所要求，但它其實是次要的。

也許你會問，既然不是為了業績，為什麼還要高薪聘你進來？因為我心裡很清楚，再讓原來這群人折騰下去，企業很快就要完蛋，正如你 100 多頁的診斷報告所分析的，3 年來業績的停滯不前也是佐證。我對他們是愛恨有加，但愛甚於恨。

下面我解釋一下，為什麼要這樣排序。我也時常在反思，一個老闆賺錢的目的究竟是為了什麼，錢這東西生不帶來，死不帶去，再富裕也無非一日三餐，一衣遮體。雖說百年企業人人嚮往，但一個企業能生存 30 年、50 年已經很不容易了！我們的企業又能走多遠？

每當我走進公司的每一個角落，看到的點點滴滴無不浸透了老員工們當年的汗水，包括工廠、警衛室都是他們在三九嚴寒中一磚一瓦疊起的，上面還印有他們凍裂手臉的血跡；而千名員工中有近 1/4 是夫妻關係，也從另一個角度說明了他們的身家性命都已經跟這個企業血肉交融了，企業一旦倒閉，他們將無家可歸。所以我必須將這個飯碗捧好，已

經沒有了退路。我沒有什麼高尚的目的，這既是我的初衷，也是我的目的。退一步說，即使兒子未來接手這點家業，也需要這些作為基石。

到此，也許我的很多行為你就有些理解了。

但這些我又怎麼去告訴你？不是為了業績，你會拂袖而去。因為創造效益是你們專業經理人能力的證明或者生存的意義，而養活這幫員工則是我樸素的想法，無論你把它叫做小農意識，還是狹隘的個人情結。

三、關於對下工作的推動上

你認為，我對你工作的支持力度不夠，並把你進入企業後我設立的監督機構看成了一種掣肘，可這是我了解真實資訊的重要管道。

你一味地要求老闆去改變，要圍繞新的方向和政策，並希望其他人也圍繞新的主管去適應，可這現實嗎？你認為，只換一個工頭，就可以領著原來一幫蓋草房的泥瓦匠建起高樓大廈嗎？老實說這幾乎不可能。

其實，任何一種管理思路，都能條條大路通羅馬，只要能把你們外聘人員的先進管理理念和我們這些老員工們累積的豐富經驗有機結合起來形成拳頭即可，但你們雙方都過分堅持了自我，讓我如同面對自己的左右手，左右為難，無法割捨。

也許我們出發點不同，自然行為迥異。從專業經理人的

角度，你會毫不留情地把不適應企業發展的所有老員工一股腦清理掉，從業績的角度而言這無可厚非，但你我身處的環境不同，在這方面我需要的更多是感性，而非理性。正如面對自己一點點養大的孩子，突然發現得了不治之症，怎麼辦？從人類發展和人性關懷的角度會得出截然相反的結論。無需辯論，你的措施已經被優勝劣敗的自然界所證明。

　　但是，人活一張臉，樹活一張皮。

　　當某一天，他們被淘汰了，讓我如何去面對這幫父老鄉親？有些人已經兩鬢斑白，他們把一生中最寶貴的年華留給了企業。縱使我可以身背罵名，又讓我如何每天都去面對那些眼神？難道僅僅是那點金錢的補償嗎？

　　再說，把功臣一個個「殺」掉，將來還有誰肯信任我？

　　也許某一天，當你感覺不爽的時候，你會拍屁股走人，正如你今天的離職。但他們永遠不會拋棄我，他們會與企業生死不離，直至終老。因此，在老闆的眼裡，忠誠大於能力。

　　下面用你培訓時常跟大家講的「腳踏車的故事」來解釋工作推動上的困惑。

　　「據說以前最早引進腳踏車的是一個留學的富家子弟，他看到其他國家腳踏車相當盛行，就不惜高價買回一輛，家人一致反對這個東西，說一直以來我們都是靠雙腳走過來的，不是很好嗎？想快就快，要慢就慢，而且無需什麼平衡不平

衡！留學生一再解釋，連他本人在內，每個人都試了幾圈，東倒西歪確實比不了自己習慣的走路方式，那輛腳踏車隨後束之高閣。半年後，來了一個親戚的孩子，他很好奇，就將這布滿塵土的腳踏車從角落裡拽出來，在庭院裡折騰了一上午，飯都顧不上吃，家裡人也沒有在意。到了下午，突然發現一群小孩子跟在那個騎腳踏車的孩子屁股後面追都追不上，眾人大吃一驚，後來腳踏車就慢慢普及了。」

這個故事沒有錯，但我一直在想，如果把腳踏車放到一個沒有人會騎的養老院會怎麼樣？推動高速變革的往往是一些「新生力量」，而我們畢竟面對的都是一些「老人」。多年來隨著外環境的改變，我們也一直在走出去、引進來，但我們跟先進外商的差距怎麼就那麼大呢？因為這是文化使然，需要一個融合的過程。

你說我對組織倫理過分隨意，事無鉅細都要插手，其實這正是因為出現了問題。在你們專業經理人抓大放小的同時，工作容易流於表面。當然我也承認，磨合需要過程，用對人才是關鍵，但擺在眼前的浪費，於情於理我無法無動於衷啊！當然，也許我的這種方法還有待商榷。

四、關於對專業經理人的評價

對專業經理人與老闆關係的評價，這個話題太大，我不敢妄下斷論，但在長久以來的價值觀念、文化的積澱、相互的誠信等影響下，也許會讓這種糾結不得不在未來很長一段

時期都仍被記著。

　　我的心理也像所有的老闆一樣，希望這個企業能基業長青，這也是我引進你及其他高管的初衷，只是在實際推動中，與我設想的差距太大，我耳朵裡每天塞滿了不同的聲音，而更多的是抱怨和意見，伴隨著主管心態的動盪，我不能不產生疑惑。

　　這些問題的產生，應該說身為專業經理人也有不可推卸的責任，說明在溝通環節上仍存在某些問題。類似規模的企業，不照樣也有很多透過專業經理人的推動，成功地進行了二次創業成為品牌的嗎？

　　對具體事情的評估上，你習慣於只要結果。但我看重結果的同時，也同樣注重過程。管理有兩種方式，一個是靠「疏」，一個靠「堵」，也許到最後都能達到同樣的結果，但組織付出的代價卻天壤之別。我不希望你也像如今有些政府的管理政策一樣，靠殺雞取卵、寅吃卯糧、掠奪資源來實現所謂的業績。

　　你說，一個老闆的格局和人性決定了企業能走多遠，並認為富不過三代會是多數人的宿命，還由此上升到了國民教育；但我知道，一個人不能一日無炊。

　　你為了說服我，曾講過「孫武訓妃」的故事，而且一再重申孫武的英明果斷，正因殺掉了吳王闔閭的兩個愛妃，軍綱才得以重振。我不知道這幫妃子們在戰場上表現如何，但我也有一個故事送給你：

春秋時期，楚國令尹孫叔敖在苟陂縣一帶修建了一條南北大渠，足以灌溉沿渠的萬頃農田，可是一到天旱的時候，沿堤的農民就在渠水退去的堤岸邊種植莊稼，有的甚至將農作物種到了堤中央。

等到雨水一多，水位上升，這些農民為了保住莊稼和渠田，便偷偷地在堤壩上挖開口子放水，因而潰堤事件經常發生。到後來這種情況變得越來越嚴重，抓不勝抓，防不勝防。面對這種情形，歷代苟陂縣的行政官員都無可奈何。

每當渠水暴漲成災時，便調動部隊一面忙著抓人，一面去修築堤壩。後來宋代李若谷出任知縣時，也碰到了潰堤修堤這個令人頭痛的問題，他便貼出告示：「今後凡是水渠潰堤，不再調動軍隊修堤，只抽調沿渠的百姓，自行修堤。」這布告貼出以後，再也沒有人偷偷地去掘堤放水了。

這兩種方式對我們管理者的評估是否有啟示意義？

在你離開後，我也進行了深入思考，我個人的看法是，在職業市場還遠不夠成熟的今天，中小企業如果讓專業經理人做總經理，老闆當總經理助理，或許更適合企業的發展。老闆從臺前退至幕後，在執行總經理決策的同時，既了解了進度，又能協調某些關係，這對私人企業也許不失為一種可以參考的模式。當然也得先說，不能因此而形成第二個權力中心就是了。

PART3
專業經理人需要怎樣的舞臺

經理人進入企業，實質上就是進入了一個新的發展舞臺。只是很多情況下，老闆和經理人都對舞臺沒有一個清晰的認知：經理人不知道怎樣利用好這個舞臺，老闆也不知道如何協助經理人在這個舞臺上充分施展他的才能，從而使企業獲得最大的收益。現實中老闆與經理人之間常常出現錯位，甚至誤解。那麼，經理人到底需要什麼樣的舞臺呢？

第 1 章
發揮專長，舞臺很重要

「我們會為你提供一個展示能力、展現價值的『舞臺』，好好幹！」── 相信很多老闆會在面試經理人時會對他們說出類似的話。經理人在經過層層面試與審查後，走到老闆的面前，聽到這句話時，也大多會爆發出昂揚的鬥志。這句話就好像步入婚姻殿堂的二人之間的誓言一樣，然而，結果又是如何呢？

我們都知道，經理人需要一個展示能力、展現價值的舞臺，而在二人「結合」之初，老闆通常也會對經理人抱有極大的期望，而經理人也會回饋以極大的熱情，兩個人大有相逢恨晚的感覺。然而，久而久之，經理人就會發現所謂的「舞臺」，完全不是自己想像中的那麼一回事：做事，舊有「利益集團」盤根錯節，進也不得，退也不得；用人，各種勾心鬥角層出不窮，無人可用，無人敢辭；用錢，財務命脈把關嚴苛，層層審批，錯失良機。經理人的熱情慢慢被磨滅，心裡有說不盡的委屈。而老闆也開始失去了耐心，覺得自己當初怎麼相中了這麼一位「無用先生」，什麼都搞不定、做不好。長此以往，兩人自然以「婚姻破裂」告終。

　　朋友的公司裡有一位很棒的行銷經理人，大家都稱呼他「小張」，小張年紀不大，剛到公司的時候還是 30 歲出頭的年紀。當他來到朋友公司入職時，朋友的第一反應就是：「這青年人是怎麼進來的？」當朋友知道他是新同事後，朋友自然而然地和他聊起了他之前的工作經歷。

　　小張大學還沒畢業的時候，就已經進入企業從事行銷實習生的工作，後來一直兢兢業業地做了 3 年，感到發展前景無望的他決定要跳槽。小張當時覺得以自己 3 年的工作經驗，謀求一份行銷主管的工作應該不難，可大多數企業招募主管都需要應徵者有一定的管理經驗，這就難倒了小張。最終機緣巧合下，小張來到了一家集團公司的分公司擔任行銷主管，由於這個分公司的行銷事務大多是由總部「敲板」，分公司主管的權力其實很低，因此對經驗的要求也低，所以沒有管理經驗的小張得以成功入職。

　　雖然沒有太多話語權，但小張還是把這當做累積「管理經驗」的舞臺，認認真真地做了起來，並不斷累積各種相關知識，期間也與同行們頻繁溝通、增長見聞，決定等到累積足夠時，再尋求一個真正能夠有所發揮的地方。就這樣，又 5 年過去了，小張覺得自己已經累積了足夠的「資本」，可以開始向「5 年管理經驗」的經理人職位發起挑戰了，就又開始了自己跳槽的謀劃。

　　在後來的兩年間，小張先後為兩位老闆效力，最終卻都

未能留下來。第一個任職的公司不大，老闆也比較豪爽，面試時，兩人聊得很投機，可是等小張真正進入公司工作時卻發現，正是因為公司不大，所以老闆總是喜歡處處插手，小張的每一個決定，都需要先過老闆那一關，老闆是把這個企業當做了自己的家產，而只是將小張當做一個「管家」，小張根本無法獲得自己應有的權力，更不要談發揮所長了。

離開了這家公司後，小張決定換一家大公司試試，可來到第二家公司，小張發現，大公司由於各項規章制度健全，自己確實擁有應有的權力，但由於公司發展已久，自己的很多屬下都已經在公司工作了五六年，而那些同級的經理人大多都是四十歲上下的年紀，自己雖然有權，卻難以使用。身為一個「新人」，小張說出來的話卻很難被「老人」當做一回事。老員工之間的關係就好像一張網，而小張卻難以進入這張網裡，成了「外人」。

「巧婦難為無米之炊」，經理人能夠經過層層選拔，被老闆引進來，可以肯定的是，他是有一技之長的「巧婦」，他們之所以沒能做出成績，原因也很簡單，沒有「米」的舞臺，豈可產出成果？經理人要發揮專長是需要舞臺的，而這個舞臺需要有基本的要素支撐。俗話說：「是騾子是馬，拉出來遛一遛就知道了。」我認為，老闆必須為經理人提供一個真正的舞臺，在這個舞臺裡，「真人才」可以混得如魚得水，而「假人才」則會無所遁形。在這之前，老闆首先需要明確的是，到底怎樣的人才對於自己才是「真人才」。

▶「真人才」與「假人才」

　　很多人資總監千辛萬苦地招募進人才，也明明得到了老闆的首肯，可等到經理人開始工作沒多久，卻會被老闆蓋上「假人才」的標籤。我們常常看到的一個現象就是，每一個老闆似乎都在苦苦追求一位「真人才」，難道「真人才」真的就這麼少嗎？

「真人才之難」

　　對於老闆而言，究竟怎樣的經理人才能算作是「真人才」呢？為了讓老闆滿意，很多人力資源總監在利用各種理論、工具分析後仍然毫無結果，因為每個老闆的需求都有所不同，尋找一個符合老闆需求的「真人才」自然是難上加難。大家都很清楚，老闆最需要的其實就是能為企業賺錢的經理人。老闆開公司、辦企業到底是為什麼？簡單來說，就是為了追求利益最大化。

　　這一點每個人都懂，但為什麼老闆還是找不到滿意的經理人呢？從經理人的角度來看，我們就很容易明白個中原因。正如小張後來抱怨他以前老闆時說的那樣：「當初是你說給我展示能力、展現價值的舞臺，可進來之後，事做不了，人沒得用，錢你不給，你到底還想讓我怎麼做？說好的舞臺呢？」一身才能沒辦法得到充分的發揮，還要被老闆貼上「假人才」的標籤，這對於經理人而言，又何嘗不是一件難事、冤事？

如何識別「真假人才」

在專業經理人市場上，確實存在著「真人才」與「假人才」的差別。在我看來，所謂「真人才」，就是那種真正有能力、有經驗、能夠為企業帶來價值的經理人，這種經理人在進入企業之後一般都會要求老闆給予更多的授權，他們希望能夠擁有足夠的權力去發揮自己的專長。而「假人才」是怎樣的呢？他們看上去似乎很有能力，有一份不錯的履歷表，跟老闆聊起各種相關話題，他們也都能夠侃侃而談，贏得老闆的認可，可一旦進入公司開展工作之後，卻會不斷地暴露出各式各樣的「馬腳」。

我認識的一位老闆，之前就遇過這樣一位經理人，在當時來應徵的幾個經理人中，他是最突出的，跟老闆面談的時候能說得頭頭是道，那位老闆當時一眼就看中了他。等到他進入公司之後，也能夠按照流程把各項工作做得不錯，還能夠給老闆提些有建設性的意見和建議，但老闆慢慢發現，一旦他負責的工作超出了流程之外，或者發生了一些突發情況，需要他自己拍板做主時，他的表現就不僅僅是差強人意能夠形容的了，遇到事情完全沒有自己的主見。後來，在我的建議下，那位老闆有意地給他放權，讓他根據自己的想法改善團隊，他也確實制定了一套看起來不錯的改善計畫，而且他自己按照計畫做得風生水起，但經過了一個星期的執行測試，下面的人還是完全不知道這套計畫要怎麼去做，老闆

對他的組織協調能力更是產生了懷疑，後來有一次在計畫執行過程中出現了一個比較嚴重的錯誤，他更是直接將責任推給了下屬。權用不好，責不敢擔，這位所謂的人才是真是假，自然也就一目了然了。

其實，識別「真人才」與「假人才」，最有效的「試金石」就是我們常常掛在嘴邊的「舞臺」。「舞臺」並不是簡單的口頭說說，也不是單純的放權，而是真正讓經理人能夠展示能力、展現價值，給予他們一個能夠盡情表演的舞台。一個真正有才能的人會在舞臺上大放異彩，而一個胸無點墨的人則只會在舞臺上畏畏縮縮。

▶發揮專長的舞臺

老闆做強做大公司的第一步就是廣納人才，而廣納人才其實就是為了用其所長，試想一下，如果老闆只是在招募時說些「給予舞臺」的話，卻在經理人的工作中處處不放心、不放權，那可能這位老闆非得做到「事必躬親」才行了，而這樣一來，經理人也沒辦法展現出自己的價值。「假人才」或許會為了一份薪水「隨遇而安」，而「真人才」則會「擇木而棲」，長此以往，老闆自然只能發出「為什麼我遇到的都是『假人才』」的哀嘆了。

企業為經理人打造一個真正的舞臺，這不僅是為了吸引真正有專長的人才，讓他們幫助企業不斷地向前發展，也是

為了檢驗他們到底是「真人才」還是「假人才」。在我看來，一個真正能夠讓經理人發揮專長的舞臺，有兩個要素是不可或缺的。

第一，明確訂定目標和計畫。老闆對於企業的未來發展要有自己明確的目標和計畫，在細節上，這些目標和計畫可以進行修正，但在大的方向上，老闆大多會堅持自己的想法，這些也是需要讓經理人明白知道的，如果經理人不能認同，那另當別論；但如果經理人不知道，可能他們的奮鬥方向就會出現偏差，甚至與老闆的目標背道而馳。同時，這些目標和計畫也是檢驗經理人是否有真才實幹的大標竿，在將它們不斷細化之後，便能夠成為經理人的績效考核指標。

第二，明確「責、權、利」。目標和計畫是老闆對經理人的要求，而經理人也可以相應地提出自己的「條件」，所謂經理人的條件其實也很簡單：我需要承擔怎樣的責任？我有什麼樣的權力？達成目標後，我又能得到什麼利益回報？

有一位新入職的品管部經理，他對於這份新工作感到非常的困惑。他不知道的是：自己手掌「品管大權」，如果出現紕漏怎麼辦？多大的紕漏會被開除？而對於小紕漏是會被罰錢還是被老闆警告一下？說起來是「品管大權」，可是到底有什麼樣的權力呢？哪些事情可以自己做主？哪些事情又是需要老闆拍板的？而績效獎金又具體是如何計算的呢？當我遇到他時，他已經入職 6 個月了，但還處於對新工作的摸索階段。

　　老闆與經理人明確「責、權、利」既是為了讓經理人快速投入到工作中去，也是為了以「利」激發經理人的工作熱情，以「權」發揮經理人的專長，並以「責」來保證經理人的工作成果。

　　老闆既然想著要經理人發揮專長為企業的發展作出貢獻，那就需要為經理人提供一個發揮專長的舞臺。而一旦打造出這樣一個舞臺，「真人才」與「假人才」之分也將不再成為一個讓老闆頭痛的問題。

第 2 章
「空降部隊」落地，老闆得扶一把

有句古話說：「外來的和尚好唸經」，而「外來的和尚」在企業中則通常被稱為「空降部隊」，也就是指跳槽去企業擔任高層職位的經理人。

不難發現，很多老闆喜歡用「空降部隊」，其中原因其實也不難理解。因為在企業積弊已久的情況下，引入新鮮的血液，往往能夠為企業打破僵局，這時候，「空降部隊」的入場或許能夠產生立竿見影的效果，「快、準、狠」地幫助老闆解決企業的疑難雜症。

然而，「空降部隊」真的能做到「包治百病」嗎？事實卻與老闆所期望的相差很大，在許多企業中存在著一個普遍的現象，那就是「空降部隊」的流動率極高，很多「空降部隊」進入新企業後不到一年，甚至僅僅過去兩三個月就與老闆鬧得不歡而散。很多經理人就像「空中飛人」一樣在企業間來回飄盪，卻始終落不了地，最終，甚至在空中被活活「吊死」。

我認識的一個經理人就是如此，在得到老闆的認可，帶著滿腔的熱情來到公司後，入職的第一天，老闆就在晨會上

宣布：「經慎重考慮，公司決定聘請吳先生擔任公司策劃總監，今後，這塊工作將由他全權負責！下面有請吳總監做一下自我介紹……」當小吳自信滿滿地走到前面時，看到的卻是一張張困惑的面孔，小吳能夠清晰地讀懂他們的想法 ──「這位是誰啊？以前做什麼的？熟悉我們的業務嗎？能管好這麼大一個公司的策劃工作嗎？」

進入工作後，小吳也開始觀察、詢問公司的員工，希望能夠盡快了解公司的人員、業務以及工作流程等情況。而在這個過程中，小吳卻明顯地感到，同事們似乎對自己的背景更為感興趣，同時，在公司內部蔓延的並非對自己的支持，而是各種疑惑與猜測。

小吳漸漸地感到了各種壓力：老闆希望自己能夠在短時間內做出成效，但自己的一些想法卻無法與老闆達成一致；部門中層管理者也開始有所懈怠，什麼事都指望他去做；還有基層員工的一些懷疑和猜測等……

為了能夠得到老闆的認可，小吳在仔細了解公司狀況後也開始慢慢形成了一些構想與計畫，然而，當小吳滿懷期待地將這些構想與計畫提出來之後，又遭遇了更大的危機：公司高層管理者之間本身就對於策劃部門的工作要求有所分歧，自己提出的一些構想往往在他們的相互駁斥中不了了之；即使有些計畫得到了老闆的認可，但當自己向下屬宣布實施後，有的人對此完全不當一回事，覺得「以前都是那

麼做的，為什麼要改？」有的人則會直接反對：「你這個是行不通的，不需要的……」有的下屬甚至不與自己溝通，直接向老闆「打小報告」，等到老闆找到小吳時，他覺得十分茫然。

小吳想要拿個別人「開刀」樹立權威，在與老闆溝通後，老闆則覺得他們都是業務核心、老員工，慢慢溝通就好。慢慢地，小吳開始告訴自己「算了吧，既然都不願意改，那就這樣吧……」可是，小吳進入一個新的公司畢竟不是為了處處受氣拿薪水的，他有著自己的抱負，因此，不到半年，小吳就選擇了離開。

「空降部隊」在進入新企業之後，所應該追求的當然不只是「快、準、狠」，準確來說更應該是「融入、駕馭、改變」。很多「空降部隊」都會像小吳這樣，在進入新企業之後，希望能夠盡快展示出自己的價值，讓老闆知道他引進自己是一個正確的選擇。然而，正是在這樣的過程中，「空降部隊」反而過多地追求了駕馭和改變，而忽視了融入。

老闆之所以要引進「空降部隊」，正是在於企業中存在的問題，是原有企業成員造成的，也是他們所不能或者說不願改變的。在這種情況下，「空降部隊」想要解決問題必然會觸動原有企業成員的一些利益，他們自然也會成為「空降部隊」駕馭和改變的阻力，要解決這一矛盾，「融入」則顯得更為重要。

小吳在剛進入公司之後也想過要融入，他會主動與老員工交流，並對公司狀況進行觀察，但他看到的卻都是敵意。其實，老員工對於「空降部隊」的猜測是完全可以理解的，這時候，小吳如果能夠真正地沉下心來，而不是急於求成，或許就能夠在穩紮穩打之中，形成自己的同盟軍，從而真正地展現出自己的才能，而不是一腔熱血被澆熄之後黯然走人。

然而，更為關鍵的則在於老闆的做法。我們引進「空降部隊」就是為了讓他們幫助自己解決企業存在的問題，經理人急於做出成績，對我們而言並非什麼壞事，面對「空降部隊」的方法和改變，身為老闆，我們則需要幫助他們融入到企業中去。

很多老闆在引進了「空降部隊」之後，就會產生一種片面的想法：位置我給你了，剩下來該怎麼做你自己去做吧，我只要結果。這時候，老闆自己往往站在了第三方的立場，對於「空降部隊」與企業老員工的博弈袖手旁觀，結果自然是勢單力薄的「空降部隊」敗退離場。因此，在「空降部隊」落地的過程中，身為他們的引薦人，老闆則需要扶一把，幫助「空降部隊」落地，而根據我多年的管理經驗，老闆能夠從以下 3 方面幫助「空降部隊」落地，如圖 3-1 所示。

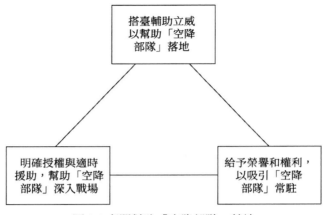

圖 3-1 老闆幫助「空降部隊」落地

▶搭臺輔助立威以幫助「空降部隊」落地

　　「空降部隊」在剛進入企業時，所遇到的最大難題就是立威。如果老闆能夠招攬到「真人才」，他們往往是有能力砍好「開門三板斧」的，這也是專業經理人進入新企業後快速立威的最有效的方法，從而迅速落地，並順勢展開各種工作。然而，這卻需要老闆搭臺給專業經理人展現的機會，為他們做好一些輔助的工作。

　　某公司老闆在引進了一個知名專業經理人之後，似乎就隱居幕後了，專業經理人在遇到一些問題，想要找老闆溝通時，卻找不到老闆的人。老闆這時候在幹嘛呢？他一直在關注著經理人的工作成績，心裡想的是：「不是知名經理人嗎？看你有什麼本事。幫你立威，別搞得最後我在自己的公

司裡一點權威都沒有了。等到你搞不定的時候，我再出馬幫你，讓你知道誰才是公司最有話語權的人。」後來，沒過多久，那位知名專業經理人就離職了，老闆倒也不覺得惋惜，認為這只是一個虛有其名的人而已。

其實，這位知名經理人之所以離職正是因為老闆的「恐懼」，很多老闆都懂得經理人需要立威的道理，但卻害怕幫助經理人立威之後，反而削弱了自己的權威。然而，公司的擁有者畢竟是老闆，就算經理人功再高也是蓋不了主的；相反地，搭臺輔助經理人立威，卻能幫助經理人盡快落地，開展各項工作，從而做出成績，而做出了成績，最大的受益人仍然是企業的擁有者 —— 老闆。

▶明確授權與適時援助，幫助「空降部隊」深入戰場

在古代軍隊出征之前，通常都會有一個盛大的拜將儀式，這個儀式一方面是為了鼓舞士氣，另一方面則是為了讓士兵明確知道自己由誰統領。而「空降部隊」的入職儀式同樣如此，它不僅僅是為了讓公司員工認識這位新的經理人，更是為了讓員工明白，以後哪些方面的事務是由這位經理人說了算的。如果我們只是將之當作一個流程草草了事的話，員工無法知道以後哪些事由新主管做主，「空降部隊」也會感到束手束腳。

但從另外一個角度來說，「空降部隊」想要深入戰場，

當然需要擁有對「作戰小隊」的領導權力，然而，如果我們直接撒手不管，讓「空降部隊」自生自滅，他們也會陷入茫然之中。「空降部隊」畢竟也是人而不是神，他們不可能立刻在一個新的戰場上發揮出應有的戰鬥力，這時候，如果老闆能夠在明確授權的基礎上，在「空降部隊」深入展開工作中遇到困難時，默默地給予一把助力，則能夠在不影響「空降部隊」權威的同時，讓企業的問題得到更有效、快速的解決。

▶給予榮譽和期權，以吸引「空降部隊」常駐

在「空降部隊」做出一定的成績之後，老闆對此當然是喜聞樂見的，但很多老闆卻也因此開始擔心，當這段經歷被記載到他們的功勞簿上後，經理人會不會就此投奔一個更好的下家。這也是很多老闆對於「真人才」又愛又恨的原因，他們希望「真人才」能夠幫助自己做出成績，卻又害怕經理人在做出成績之後就此而去。其實，要吸引「空降部隊」常駐其實也不難，給予其榮譽和期權就是一種很有效的方法。

有一個經理人在「空降」到一家公司之後，至今已經工作了 8 年多，並且幫助公司走上持續快速發展的道路。很多老闆都跑來請教這家公司的老闆，問他是怎麼做到的，竟然能夠將這麼好的人才留這麼久。這家公司的老闆給出的答案很簡單：「榮譽和期權」。每當經理人幫助公司在產業內做出

什麼成績的時候，老闆都不會居功，而是把榮譽全部推到經
理人的名下，經理人一開始雖然也有所推脫，但老闆一再堅
持，而且成績也確實是他做出來的，他也就高興地接下了。
過了兩三年之後，公司已經進入了快速發展期，在產業內闖
下了不小的名聲，並且開始籌備上市的工作，這位老闆也開
始擔心經理人會不會就此換個東家，於是，老闆決定給這位
經理人期權，按照約定：經理人每年都可以按照業績百分比
獲得一定數額的期權，並且經理人有權力購買一定限額下的
期權，如果經理人在 5 年內離職，這些期權可以打折賣給公
司，而 5 年之後，經理人則可以自由在二級市場上進行交
易。這樣一來，經理人的利益實際上就與公司的發展緊緊捆
綁了一起，結果，經理人一做就是 8 年。

　　經理人所一直追求的無非兩點：名譽和利益。而給予
「空降部隊」榮譽和期權則能夠有效留住「空降部隊」，讓
他們成為企業裡的「常駐部隊」，從而持續幫助企業創造效
益。很多老闆並不是不明白這一點，但他們一方面捨不得將
唾手可得的榮譽拱手相讓，另一方面，也害怕給予經理人期
權的話，會對公司以及老闆個人的利益造成損害。其實，經
理人獲得榮譽，與老闆或者企業獲得榮譽並沒有什麼差別；
另外，只要制定出完善的協議，經理人手中的期權除了變現
交易之外，也沒有辦法損害到老闆和公司的利益。

　　「空降部隊」作為老闆引進來的新鮮血液，一定程度上

第 3 章
經理人要有自己的權力

　　隨著企業的不斷做大，單純地依靠「人治」，甚至是老闆一人「獨裁」，對於企業的發展而言，無疑是一種桎梏。而說到發揮各級管理團隊的力量、構建合理完善的制度、充分授權等現今的各種管理理論，幾乎都離不開「授權」兩個字，很多老闆也知之甚深，但真正能夠實踐的卻很少。

　　在老闆看來，公司就像是自己的親生骨肉，而專業經理人卻像是保母一樣。保母都只會負責孩子的吃喝拉撒，從來不會真正地心疼孩子，也不會關注孩子的未來。老闆引進專業經理人大多是將他們看作消防員，讓他們來救火，而安全員的角色，老闆仍然會由自己扮演。正因為如此，很多專業經理人在老闆的眼中都是不合格的，這樣一來，即使老闆知道自己應該授權，也不敢將自己的骨肉交給保母去全權處理。

　　朋友曾經為一個集團公司老闆進行諮詢，朋友稱呼其老闆為張總。張總的集團其實已經不小了，在各大城市都有自己的分公司，可以說，他的資產是幾輩子都花不完的，但是張總依然十分努力，晚上加班加點是常見的事，他的部下當

然也是陪著老闆加班工作，甚至朋友在幫他諮詢的時候，也會經常交流到凌晨一兩點，即使到了那個時候，張總仍然表現得幹勁十足。

當聊起他公司之前的經理人時，他說自己第一個提拔的經理人，其實是一直跟著公司成長的老人，由於公司規模不斷擴大，張總將一位一直忠心耿耿的業務部主管晉升為總經理。可想不到的是，那位「忠臣」上位沒多久，就開始瘋狂地運用手中的權力幫自己攬財，張總一怒之下直接炒了他魷魚。

然而，公司內部實在沒有什麼可堪大用的總經理人才，張總只好開始物色專業經理人來幫助自己管理公司。但由於之前遭遇的「背叛」，張總對於專業經理人更是疑慮重重，因此，雖然憑藉高薪引進了一個業內知名的經理人，但張總也沒有給予他相應的權力。

沒過多久，這位經理人就辭職了，並向張總寄出了洋洋灑灑一大篇的辭職信。張總雖然能夠很清楚地認知到自己身上存在的問題，但為了與老員工之間的那份感情，為了企業的持續發展，張總不願意讓經理人大刀闊斧的改革，也不敢讓經理人帶領企業走向一條完全不同的道路，自然也就不會給予總經理相應的權力。

老闆與經理人始終是站在不同的立場上的。在老闆看來，對於專業經理人而言，「不是自己的孩子不心疼」，他們之所以勇於改革，其實是因為公司不是他們的。如果改革失

敗，他們大可以換家公司重新再來，因為公司倒閉而失去工作的並不是專業經理人，而是老闆和與公司共同成長的老員工們。尤其是當企業發展到一定規模時，公司中有很多員工都是夫妻關係，一旦公司倒閉，就意味著，這些員工的家庭將失去收入能力，老闆對於他們是有一種責任感的。

　　然而，我們之所以要引進經理人，就是為了讓他們革新除弊，在這個過程中，經理人不可避免地會與老員工發生矛盾。那位辭職的經理人有句話說得很對，老闆之所以引進專業經理人，就是因為企業在長期發展中積弊已久，「很多時候就是老員工所造成的，所以老闆才會期望藉助經理人的力量來解決自己不好親自動手解決的問題」。但是，經理人展開工作是需要有相應的權力作為配合的，即使老闆不給予經理人對企業的「生殺大權」，也應當授予經理人基本權力。根據我多年的工作經驗，這幾點權力是老闆必須也應該授予經理人的，如圖 3-2 所示。

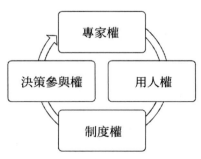

圖 3-2 老闆必須授予經理人的權力

▶ 專家權

專家權也就是發揮技術、能力的權力。經理人也是從基層不斷學習成長起來的，隨著職務的提升，其專業技巧和工作能力也在不斷加深、變窄，而經理人成長到管理者的職位時，其觀念化的能力範圍卻在不斷地擴大。一個合格的經理人必然有著紮實的專業能力和廣泛且多元化的技術，在一家現代化的企業中，經理人所需要掌握的能力除了專業特長之外，也應該懂得關於政治學、社會學、心理學、經濟學，以及貿易、金融、財稅法規、藝術、美學等各方面的知識。

這些能力是經理人展開工作，並讓員工信服的基礎，給予經理人專家權，就是讓經理人能夠將一身本領投入到工作中去，讓員工將經理人當成師傅，以及相關技術的領導者。很多老闆限制經理人的專家權，他們希望經理人的專業能力能夠為自己所用，但又害怕經理人的專業技能比自己高，而讓自己顯得低能，更為關鍵的是，害怕經理人憑藉一些小手段、小技巧轉移公司財富。

張總一開始提拔的總經理是公司的「老臣」——小董，之所以提拔他，正是因為小董在公司成長的過程中，能夠不斷地學習，汲取各方面的知識。而當張總因此將小董提拔到總經理的職位上時，張總很快就發覺不對勁了，小董制定的很多方案，張總都會有看不明白的地方，詢問小董之後，小董會提出各種理論、數據，來證明方案的有效性和可行性，

因為一直以來的信任關係，張總一開始也就隨他去做了，可是久而久之，張總卻發現，雖然那些理論、數據自己不懂，可是財務報表他看得懂啊！為什麼行銷費用、管理費用那麼高？雖然企業業績有所上升，為什麼利潤率卻下降了？正是因為這次「背叛」，張總才不再信任經理人，自然也不會再授予經理人專家權。這雖然避免了經理人運用專家權竊取公司財富，但也阻止了經理人專業才能的運用，也就造成了後來那位經理人與老闆的一拍兩散。

在知識經濟時代，公司要發展就離不開各式各樣的知識和技能，一個稱職的經理人，正因有這樣的知識和技能，並能夠透過培訓帶領企業員工跟上時代的步伐，老闆如果有所顧忌，大可以對經理人的工作進行階段性的審核，而不是因噎廢食。

▶用人權

老闆經常會哀嘆企業無人，而引進經理人。但在此之後，卻不授予其用人權，妄圖讓經理人一個人撐起整個場子，這又怎麼可能呢？我們要明白的是，經理人也是人，而不是神，不可能一個人把所有的事情都做到盡善盡美，即使是如諸葛亮這樣「多智近妖」的人，也在事必躬親後走向失敗，更遑論普通的經理人呢？

有個經理人剛入職的時候，老闆說得很好聽：「在我的

公司，你想用誰用誰，想炒誰炒誰。你的地盤你做主！」可是真正到了工作中時，經理人想用公司裡的誰倒是沒什麼阻礙，可是想要炒誰，那就得先問過老闆的意見了，而老闆的意見通常是「他是公司的老人了，這麼多年，沒有功勞也有苦勞，沒犯什麼大錯的話，就留著吧！」可是，經理人已經在外面物色到了更加優秀的人才，如果不能炒掉不合適的員工的話，經理人又怎麼引進他們來配合自己的工作？

用人權也是經理人更好地發揮專家權的保障。經理人需要用人權，以組成管理團隊，從而更快、更好地實現老闆的期望。

▶制度權

大多數公司在不斷發展、擴張的同時，必然要逐漸由「人治」轉為「法治」，在這個過程中，制度的建立和完善則顯得十分重要。而那些隨著公司成長起來的員工，往往在制度建設方面沒有什麼經驗，或囿於過去習慣的利益平衡而不願去打破，專業經理人則能夠憑藉多年的工作經歷，幫助公司完善管理制度。然而，企業「法治」的建設和完善，就意味著，老闆的權力將會受到限制，老闆將不再能夠隨意地對公司營運「指手畫腳」。在企業法制建設的問題上，太多的老闆們將此任寄託給顧問專家們身上，最終都不成功，原因在於顧問專家們畢竟不了解你企業深層的問題，猶如醫生

看病，光治標的話病就難除。真正有效的諮詢，是學會專家們的思維方式和分析方法，藥方，還得自己來開才合適。在此，經理人便是最佳人選。

要想企業長治久安，持續發展，完善企業本身的「法治」是必經的過程。給予經理人制度權，是加快企業法制建設的捷徑。

▶決策參與權

老闆與經理人經常會因為矛盾而走向「分手」，一個關鍵的原因，就是關於決策參與權的矛盾。

我認識一個老闆，他之前就與一位經理人鬧得不歡而散，老闆覺得「公司是我的，經理人是來幫我工作的，他當然應該聽我的。」可是，那位經理人經常來找老闆溝通，說：「公司是有問題的，你找我來是要解決問題的，你應該聽一下我的意見。」原來，這位老闆雖然讓那位經理人擔任部門經理的職位，但在決策時，卻只與幾個高層管理者溝通，出具了方案之後，直接下達到經理人那裡。我完全能夠理解那位經理人是怎麼想的，他一定會覺得：「就算你不給我決策的權力，你好歹讓我參與到決策中去，描述一下自己遇到的問題，表達一下自己的意見和觀點啊！」

身為公司的絕對領導者，老闆手握決策權是可以理解的事情，但對於引進的經理人，老闆最起碼要授予其決策參與

權。如果不能參與到決策中去，經理人會覺得失落，而老
闆也可能因為聽不到「專業人士」的意見，而做出錯誤的
決策。

　　老闆之所以引進專業經理人，是因為相信經理人的專業
能力和職業素養能夠幫助企業解決問題，而經理人要發揮專
業能力和職業素養，是需要權力來支撐的。

第 4 章
別把經理人當全才用

　　對於每一個新進來的專業經理人，老闆都滿懷期望，這就像一對熱戀的情人終於走進婚姻的殿堂，迎來了甜蜜的蜜月期，然而，這個蜜月期大多卻只能維持 3 至 6 個月，長的也不過一年。在這段時間裡，經理人通常都需要使出渾身解數，亮出能耐，讓老闆看到自己的「兩把刷子」，要不然就會得到一段短暫的「婚姻」。其實，在這期間，會頭腦發脹的不僅是經理人，老闆同樣如此。

　　試想一下，如果企業出現問題，而老闆聘請了一個經理人過來，沒幾個月問題就解決了，這就意味著企業當初面臨的問題不算是真正的問題，或者說解決起來並不難，究其實質可能都只是技術性的問題，而要解決這樣的問題，即使老闆不聘請專業經理人，只是派個人去參加幾次培訓，就能解決。老闆聘請專業經理人，往往是想要解決方向上根本的問題，需要專業經理人能夠從策略層面對企業進行修正，通盤考量取捨，逐步扭轉，從而轉到健康的軌道上來，這就涉及企業真正深層的痛點問題，不是一朝一夕可以解決，需要認定方向、慧眼識君、心領神會，老闆與經理人默契配合，才能做到。

　　在這裡，老闆通常都會犯下一種經常性的「錯誤」，就是總想著把引進來的的專才當作全才用。而一旦有了這種想法，老闆很快就會發現經理人的短處，時間越長，發現的短處就越多，以至於忘記了經理人真正拿手的所在，結果自然可想而知，「分手」在所難免。

　　許多老闆認為，既然是花大價錢請來的「高人」，當然應該人盡其才，把經理人的才能給榨乾淨，也好降低自己的人力資源成本。於是，老闆可能就會讓一個只懂行銷專業的專業經理人同時來負責人事、財務、採購、廣告、策略……等，結果，很快就會讓專業經理人被各項事務纏身，最終導致經理人每個專案都負責、都在抓，結果每個專案都抓不好。

　　西元 2014 年，我的一個朋友老李的公司正在著手進行自身品牌形象包裝的全面升級，這件事可以說是決定企業未來發展的大事，但老李就因為在用人上考量不周，使得 600 多萬的前期費用「打了水漂」。

　　一開始，為了做好這件事，老李特地找來了總部的產品品牌總監小陳，小陳憑藉非常強烈的個人意識，在過去的工作中能夠完美地完成產品研發工作，老李對他當然比較放心。但在這次的工作中，小陳強烈的個人意識卻導致了計畫的失敗 —— 小陳希望做出來的效果總是偏向於個人理想，因此，在與設計公司的溝通中，他總是堅持自己的判斷，設計團隊的才華和經驗也沒有得到充分的發揮，反反覆覆地折騰

了一年時間，投入了 600 多萬元的資金，小陳終於完成了品牌設計和形象店的圖樣。

　　然而，當公司高層開會對其進行討論時，大家都認為圖樣的白色基調偏冷，容易讓客戶產生距離感，在與風投公司溝通的過程中，他們也給出了相同的意見。事關公司形象的重新定位，老李在綜合考量各方意見之下，只好將一切推翻重來，讓另一名分管市場和招商的經理負責，並再次追加 4,500 萬元左右的投入，才做出了讓各方都感到滿意的策劃方案。

　　相信每位老闆在授權、任命經理人的時候，都遇到過這樣的情況，明明他之前所有工作都能做得很好，但當老闆想要讓他負責更多的工作時，經理人卻做得不盡如人意，甚至是搞得一團糟。其實，身為老闆，必須懂得專才與全才的區別，別把經理人當做全才來用。

▶專才還是全才

　　術業有專攻，不能說世界上沒有真正的全才，但這樣的人才實在是少之又少。這就需要老闆在任用經理人時，在專才與全才之間做出抉擇。

專才與全才的區別

　　專才與全才之間究竟存在怎樣的差別呢？為什麼產品品牌總監都做不好的事，分管市場和招商的經理卻能夠做好呢？我們不妨用奧運全能冠軍的成績與單項冠軍做一下比較。

平時我們看奧運可能很少會關注十項全能的比賽，但在北京奧運中，十項全能冠軍布萊恩‧克萊（Bryan Clay）的表現卻讓人們驚嘆。然而，這樣一位全球最好的十項全能運動員，在單項上的成績到底如何呢？

布萊恩在 110 公尺跨欄項目中取得的成績是 13.74 秒，而劉翔在雅典奧運的成績是 12.91 秒。看起來是不到 1 秒的差距，但在真正的比賽中，0.83 秒足夠劉翔甩開布萊恩 6 公尺的距離，布萊恩這樣的成績在奧運中，甚至都無法闖進 110 公尺跨欄項目的決賽。布萊恩其他幾項運動的成績又如何呢？ 100 公尺短跑項目，布萊恩的成績落後了單項冠軍 7％；400 公尺短跑項目，布萊恩與單項冠軍相比落後了 36 公尺；跳遠項目，布萊恩落後了 10％ —— 這實際上已經是最後一名的成績；撐竿跳，他與單項冠軍的差距是 1 公尺；標槍方面，他落後了 19 公尺；鐵餅甚至是差了 35％，差了 20 公尺！

這意味著，身為世界最好的十項全能運動選手，他參加任何單一的項目，都是不稱職甚至不及格的，而這就是全才和專才的差別！

小陳憑藉著高度的責任心和對於產品品牌領域的深入了解，一步步走到總監的位置絕不是浪得虛名的，可一旦具體到品牌形象包裝方面的工作，小陳卻未必能夠做得比深諳此道的市場和招商經理做得好。

複合型人才是最佳選擇

很多老闆都喜歡選擇所謂的「全才」，認為全才能夠帶來更高的工作效率，為公司節省更多的人力成本。但全才就真的比專才好嗎？老闆通常遇到的所謂全才其實都是一些「博而不精」的人才，他們確實對於公司管理的每個模組都有所了解，但卻都知之不深，「又博又精」的人才不是沒有，但卻是鳳毛麟角。在這種情況下，「只會做一件事」的專才，反而擁有了「一招鮮吃遍天」的資本。

其實，老闆喜歡用全才的理由很簡單，也很實際，但把經理人當做全才來用卻存在著一個巨大的陷阱。有些全才雖然博而不精，但他們確實可能把所有的事情都做到七成，但全才也是人，不可能在每件事上都投入全部的精力，當老闆讓他們做 10 件事時，經理人只好把自己的時間和精力在這上面平均分攤，最終只能把每件事做到六七成，這就與老闆的期望相去甚遠，使得老闆感到失望不已，經理人也感到疲憊不堪。小陳也正是因此不僅沒能妥善地完成老闆交代的任務，反而因為造成了不必要的損失而陷入深深的自責之中。

很多情況下，「全才」這樣的想法，都只是老闆們的「一廂情願」。而專才則能夠輕鬆地將某個模組的事項做到九成好，然而，如果 10 個部門要聘請 10 個專才的話，對於老闆而言，則著實是一筆不小的開支，如何讓這 10 個專才通力合作、和諧相處，也是一個不小的考驗。

其實，對於老闆來說，在選用經理人時，複合型人才才是最佳的選擇。在我看來，大多數老闆所期望的「全才」，其實都是複合型人才。究竟何為複合型人才呢？這樣的經理人應該具備這樣 3 種條件：

1. 勇於擔當，不推責不攬功，有包容心，具備天然的親和力，一堆人在一起，很快能成為「頭」；
2. 悟性高，綜合能力強，在一團如麻的意見中，他能很快理出頭緒、條理清晰；
3. 專業面較廣，有識別力，他不一定能做到，但能分辨優劣。

▶複合型人才需要舞臺

正如麥肯錫顧問公司（McKinsey & Company）創始人馬 · 鮑爾（Marvin Bower）所說：「管理的基本問題是如何讓普通人發揮不尋常的效率；而不是如何找到天才。」在如今的管理實踐中，純粹的專才已經無法適應公司發展需要，而真正的「全才」也只是一種可望不可及的夢想，在這種情況下，複合型人才則應該是老闆選擇和經理人發展的目標。

然而，即使是「退而求其次」的複合型人才，也並不是那麼容易招得到的。老闆想要複合型人才，就應該為專業經理人提供相應的機會和舞臺，幫助他們由「博而不精」的「全才」成長為一個合格的複合型人才，如圖 3-3 所示。

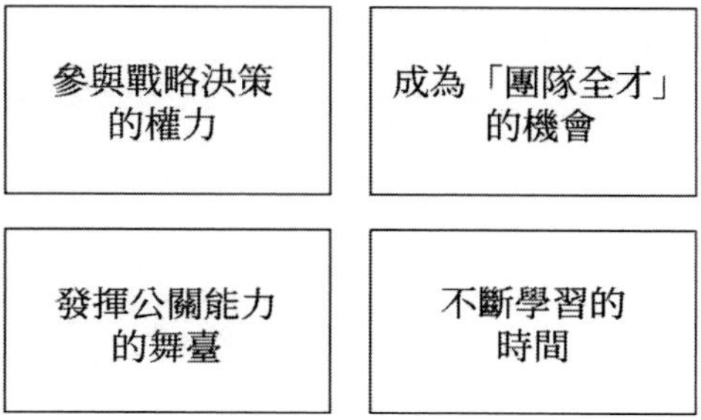

參與戰略決策 的權力	成為「團隊全才」 的機會
發揮公關能力 的舞臺	不斷學習的 時間

圖 3-3 複合型人才需要的舞台

參與策略決策的權力

　　公司要持續發展，就必須要能夠持續不斷地適應環境的變化，並進行持續進行變革與創新；而公司想要取得持續成功，其根本點還是在於企業策略，對於老闆而言，經理人的作用正是展現在其對於公司策略層面的修正和改革上。一個合格的複合型人才，在企業內外部環境發生變化時，需要具備對原先的策略進行調整或變革的魄力和能力，如果老闆不給予經理人這種機會，經理人「再有用也沒用」。

　　我聽到過很多老闆與經理人不歡而散的故事。有一個老闆花重金聘請一位專業經理人進來，可是卻只讓其負責各種事務性的工作，而把策略決策層面當作一個禁區，結果經理人每天都忙著財務、人力和採購等瑣碎的工作，卻無法對公司策略上的缺陷進行改革，而感到自己一身才華無處施展，老闆也覺得這個經理人毫無建樹，拿著高薪卻天天做些低階的工作，最終一拍兩散。

成為「團隊全才」的機會

一個人無論多麼出色，也不可能將每件事都做得面面俱到，一個成功的複合型人才的周圍，必然有一批傑出的人才給予輔助，這些人才是否能夠發揮應有的作用，並不應該由老闆說了算，而是應該將選擇權交給經理人。「爭天下者必先爭人，取市場者必先取人」，即使老闆覺得某些人是人才，結果引進來之後卻與經理人格格不入，經理人用得不開心，他們也無法發揮自己的才華，反而成為了經理人成長為「團隊全才」的阻礙。

發揮公關能力的舞臺

一個「事必躬親」的經理人絕不是一個合格的經理人，說到底，那些瑣碎的事務仍然應該交給基層員工去做，對經理人而言，更應該發揮自己的公關能力。身為高層的決策人員，經理人對內要把內部員工緊緊地凝聚在一起，對外則要協調溝通好社會各界關係。

不斷學習的時間

知識經濟的時代已經到來，科學與技術的發展日新月異，我們永遠不知道下一代科技產品會給我們帶來怎樣的驚喜，但快速具備最新、最適合的科技與知識，對於公司的經營和管理有著深遠的影響。為了適應知識經濟時代，複合型人才需要在不斷學習中緊跟時代潮流，保持策略性的遠見卓

識和高品質的決策水準，如果老闆總是將經理人當作全才來
用，經理人自然沒有時間去學習，也沒有機會成長為複合型
人才。

　　專業經理人畢竟不是真正的「全才」，他們有著自己的
局限性，也有著自己的突出點，把經理人當全才用的結果只
會是兩敗俱傷。其實，面面俱到不如專精一點，在專業經理
人的使用上亦是如此。老闆用人，切莫忘了兩個原則：一是
全才可遇不可求，真是全才，他早就去當老闆了；二是全才
靠團隊，絕非個人。個人全才，只能經營小公司，做不成大
企業；團隊全才，才是企業的核心競爭力，才能把企業做大
做強！

第 5 章
經理人需要權威

常言道：「公眾之下要給面子。」也就是說，在大庭廣眾之下，不要批評別人，尤其是老闆。然而，很多老闆往往喜歡在大庭廣眾之下批評下屬，有時候甚至會在晨會上，逐一點名批評一頓。老闆總是會在這時候抱怨道：「有問題了，一個個都不去解決？等著我親自去解決嗎？」

老闆總是哀嘆「蜀中無大將」，卻沒有想過，自己總是在員工面前不給經理人面子，把他們說得一無是處，不扶持一個有權威的經理人，等到有事情了再讓他們「掛帥」，他們又怎麼「掛」得起來？之所以會發生「蜀中無大將」的狀況，很多情況下，是因為老闆自己平時沒有注意去培養、扶持經理人成為「大將」。

當有能力的經理人做出一點成績時，老闆不是即時去肯定、鼓勵和表揚，以幫助其樹立權威，而是要追求完美，不認可經理人做出的成績，反而緊抓著其有所缺陷的地方，不分場合，想罵就罵。久而久之，經理人無法樹立權威，老闆自然也就成了「孤家寡人」，關鍵時刻當然也沒人能頂得上，因為，稍微有些能力的人，都已經在平時被老闆打敗了。

我有一個朋友是一名職業的行銷經理人，在他們公司，每次開會的時候，基本都是老闆的「一言堂」，老闆在主座上對各個部門的工作進行了解之後，就會對其中存在的問題大說特說。有時候，業績不佳或某個職能部門工作有誤時，一次例會往往就成了對某個經理人的批評大會。

最讓他印象深刻的一次是，由於相關政策發生了重大改變，公司需要緊急改變既定的行銷計畫，這項工作自然交到了他的手上，經過 3 天的高強度加班，他終於完成了一份符合政策要求的行銷計畫。在晨會上，當他將計畫交到老闆手上時，老闆看了一遍後說道：「做得不錯。」他心裡暗暗鬆了口氣，隨之老闆的一句「但是」卻讓他剛放下去的心又提了起來，老闆接著說：「但是，你雖然考量到了新的政策下我們要面對的風險，並作出了應對，但沒看到我們的機遇。看不到機遇的行銷，你準備怎麼做出業績來？」一句話說得我的朋友啞口無言，只能默默地低下頭聽訓。

而等到老闆有事出差不在公司的時候，則頓時陷入了「山中無大王」的境地，一群經理人卻誰也不服誰，常常就是「你說我不行，老闆還說你不行呢！有什麼了不起啊？」有了什麼事情，一個個都是各自為政，需要相互協調的部分，還要打電話給老闆，讓老闆去進行溝通協調。

對於這種情況，老闆其實心知肚明，但卻似乎十分滿足於這種狀態。在老闆看來，這樣一來，自己就在公司裡樹立

了絕對的權威，雖然累了點，但卻不會讓經理人凌駕於自己之上。

然而，在這種情況下，老闆真的是公司裡絕對的權威嗎？明面上每個經理人都唯老闆馬首是瞻，其實，大家心裡都是一肚子的委屈，說起老闆的不是來，每個人都是如數家珍，只是在這樣由老闆牢牢掌握主導權的公司裡，一個個都敢怒不敢言而已。

很多老闆以為授權給經理人之後就沒事了，自己只需要做好最後的把關工作即可。其實，經理人不僅需要權力，也需要權威，老闆授權，不僅是分派誰負責、誰做主的問題，也需要在平時給予下屬扶持，讓他樹立某一方面的權威。只有這樣，有難題出現時，才能派得出得力的幹將。孤家寡人的「權威」，只會讓企業隱藏巨大的風險！

▶幫助經理人建立權威

經理人剛進入公司時，可以說是人生地不熟，他唯一的盟友就是老闆了。可是，我們卻發現，很多時候，老闆不僅沒有給予經理人相應的支持，反而讓經理人陷入了孤立的境地。尤其是一些帶著公司員工白手起家的老闆，他們更加重視與自己和公司一起成長的老員工，老闆和老員工一起形成了同盟，將專業經理人當作外人。

在經理人已經對於公司員工的猜測感到疲以應對時，老闆卻沒有成為他們的助力，反而在大庭廣眾中不斷地駁經理人的面子，以鞏固自己的權威。我的那個朋友剛到公司時，還能夠帶著飽滿的熱情去工作，了解並分析了公司裡的組織架構，並努力尋求團結的力量，以形成盟友關係，從而促進工作的展開。可是，在經過老闆一而再、再而三的當眾批評後，他也就開始為了那份薪水混日子了。為什麼？

試想一下，如果每件工作，自己說了沒用，得讓老闆親自去說，員工才聽；自己辛辛苦苦做出來的成績，也得不到老闆的認可，反而要接受老闆的當眾批評。這樣的工作，誰又能接受呢？誰又能夠做得好呢？到頭來，老闆確實在公司裡樹立了絕對的權威，經理人說出來的話卻沒有人聽，老闆自然也只能事事親力親為。經驗反覆證明，事事親力親為的老闆，企業難以做大，應該透過以下兩點，幫助經理人建立權威。

給予經理人支持

支持經理人不僅需要權力，也需要權威，權威是保證經理人的權力能夠得到有效發揮的關鍵。其實，每個經理人都有自己樹立權威的一套方法，最典型的是「新官上任三把火」，用「殺雞儆猴」的方式保證下屬可以聽自己的話。但目前來看，更多的經理人則會選擇「開門三板斧」的方式，

殺雞儆猴的效果確實明顯，但卻容易在公司內部形成對立情緒，尤其是當火燒到老闆的老臣身上時，也會讓老闆心生疑慮，而透過「開門三板斧」，快速地做出不錯的成績，則能夠取得公司員工和老闆的信任，從而以此為鋪墊，促進後續計畫的實施。在此過程中，對於老員工的了解、分析、溝通也是必需的方式。

有一個專業經理人，在任職一家公司之初，對公司的狀況進行了詳細的分析，其診斷報告多達上百頁，並初步形成了一套工作計畫，設計了非常出色的「三板斧」。然而，第一斧砍下去，老闆說這樣不行；第二斧砍下去，老闆說有問題；第三斧砍下去，老闆直接在公司會議上對其進行了否定。「三板斧」的連續失利，不僅沒能幫助他樹立權威，反而因為老闆的連續否決，不僅打擊了他的信心和熱情，更讓公司員工對他的猜疑更盛，有的員工甚至會覺得這個經理人很快就會被炒，對他做出的決定根本愛理不理。

在經理人努力樹立自己的權威時，身為老闆，就算什麼都不做，也不要在其中幫倒忙。經理人之所以要樹立權威，是為了讓自己的權力能夠得到更好的運用，讓制定出的計畫能夠妥善地進行，其最終目的是為了做出業績，從而讓公司走得更好、更遠，這時候，老闆應當給予相應的支持，即使不給予明顯的支持，也不應該做出「不給面子」的事。

適時主動幫助經理人

　　如果老闆能夠明白經理人擁有權威對於公司的好處，老闆在支持經理人的工作的同時，就應當主動給予幫助，讓經理人的「開門三板斧」能夠砍得更加漂亮。主動幫助，說起來似乎會耗費老闆的精力和時間，其實，真正做起來都只是一些小事，而就是這些小事，卻能夠實實在在地發揮作用。

　　當經理人做出什麼決定時，老闆應當給予支持，即使對於某些環節有所不滿，也可以在私下溝通，並在今後的工作中進行相應的調整；當經理人工作失誤時，老闆也不能在大庭廣眾下進行批評，同樣應該在私下進行解決；如果經理人做出了什麼成績，則需要在全體員工面前對其表揚；當經理人的下屬越級向自己反映問題時，老闆可以記在心裡，但說出來的話應該是「你向你的主管反映了嗎？他怎麼說？這件事情由他做主，你去和他溝通吧！」

　　老闆身為公司的絕對領導者，他在公司裡的一言一行都能夠反映出他的態度，而正是這些日常小事中累積下來的態度，卻能夠幫助經理人快速地樹立自己的權威。

▶不要害怕功高蓋主

　　老闆之所以要引進經理人，就是為了解決企業內部存在的、自己解決不了的問題。這就意味著，引進的經理人必然在某方面擁有比老闆更強的能力，老闆對此也是心知肚明。

而為了防止經理人「功高蓋主」，老闆就會選擇性地給予經理人權力，打壓經理人的權威，從而保證自己對於公司的絕對領導權。

公司說到底是老闆的，老闆有這樣的想法也可以理解。但還是那句話，「公司說到底是老闆的」，即使經理人在公司內部擁有了較高的權威，也不會發生「功高蓋主」的事情。公司內部所有員工都明白，誰才是公司的老大，就算經理人做得再好，一旦老闆不再支持他，經理人也無法做出什麼成績，如果老闆不再信任或者認可經理人，那也是說炒就炒的事情。

我曾經與一個老闆溝通過關於經理人的問題，那個老闆就說起他以前引進過一個經理人，在那個經理人任職總經理期間，公司的業績快速上漲，公司規模也不斷擴大。老闆自然對他十分支持，但久而久之，老闆卻覺得有問題了 —— 即使是一些保守的老員工，也開始聽命於總經理了，而對他的一些意見，也不再那麼不加思考地唯命是從了。老闆找幾個老員工溝通之後，他們覺得既然老闆支持，他們自然願意聽他的。因此之後，老闆就在公司晨會上對總經理的幾個激進的決定給予了批評，並開始主動插手一些工作，公司的發展速度慢慢降下來了，但老闆卻認為公司的安全性提高了。

這位老闆做得對嗎？在此有必要對權威做一個清醒的定義。權威就是對權力的一種自願的服從和支持。人們對權力

安排的服從可能有被迫的成分，但是對權威安排則屬於認同。企業員工的權威，都是針對某一方面或某一階段的；而最大最具影響力的權威，是用人的權威。這一點只有老闆具備條件，也只有老闆才能做到。

身為公司的擁有者，老闆何必要因為擔心經理人功高蓋主而打壓其權威呢？要知道，老闆的一言一行既可以幫助經理人樹立權威，也能夠打壓經理人的權威。其實員工做好了，首功便是老闆用人得當，老闆在員工心目中的權威性會更高。

而對於經理人而言，失去了保障權力實行的權威，權力無法得到有效運用，工作處處受阻，且不說經理人會不會直接走人，即使經理人選擇留下來繼續努力，也難以達到老闆的期待。這樣一來，即使所謂「功高蓋主」的事情不會發生，老闆也只是擁有了孤家寡人的權威，而失去了讓企業走向新生的機會。

第 6 章
有挑戰，經理人才更有熱情

　　老闆都喜歡有熱情的員工，這樣的員工才能成為企業進步的基礎，這一點在經理人身上，則顯得更為重要。一個具有飽滿的工作熱情的經理人，不僅能夠主動發揮出自己的工作能力，不斷地提高工作效率，更能夠感染別人的情緒，帶動企業其他成員一起為企業的發展做出貢獻。

　　然而，對於經理人，尤其是一些工作經驗豐富的經理人而言，多年的工作經歷已經磨滅了他們的熱情，雖然來到了一家新公司，但大抵類似的工作環境，卻難以喚起他們的工作熱情。這並不是說工作經驗豐富的專業經理人在進入新公司後，就不再負責，而是說，他們已經習慣了流程化的工作方式，能夠盡責，卻不一定能夠盡心。

　　老王已經當了 20 多年的專業經理人，期間先後在 4 家公司任職，如今，他來到了自己專業經理人生涯的第 5 家公司。這家公司是業界的一個「新生兒」，雖然成立時間只有 3 年，但踏著網際網路時代的潮流，在業界飛速發展，已經有了後來居上的趨勢。在公司規模仍然有限的時候，老闆還能夠憑藉各種新元素吸引眼球、快速發展，但隨著公司的逐

漸擴張，老闆也發現了自己管理經驗的弱點，於是，高薪聘請了老王擔任公司的總經理，希望老王能夠幫助公司進行改善，以避免成為業界的一顆「流星」。

老王看中了這份不菲的報酬，也厭倦了原有公司的工作，希望能在這家新公司裡找到一些不一樣的地方。在進入新公司之前，老王對其進行了詳細的了解與調查，加上與老闆的溝通，老王確實感受到了新創企業與傳統企業不一樣的地方。在確認自己的工作能力足以勝任新公司的總經理之後，老王就答應了新老闆的邀請。

在此之後，老王每天都在學習大量的網際網路知識，並結合自己的工作經驗，為新公司設計了一整套改善方案。雖然已經年近 50，但老王經常會加班加點到晚上十一二點，這對於老王而言，是一種久違的工作體驗，而隨著各項方案的推行，看著公司逐漸站穩了腳跟，老王心裡也感到十分喜悅。然而，過了一年多的時間，老王又覺得無聊了，因為雖然是新創企業，企業營運中有著各式各樣的網際網路元素，但新公司在本質上其實與傳統企業並沒有什麼太大的不同，當初之所以這家公司能夠發展這麼快，其實，也就是打著新創企業的噱頭，而且老闆敢打敢拚而已。當老王設計的改善方案落實實施之後，公司內部已經形成了一套自動執行的機制，老王也只是不定時地對其查缺補漏而已。

雖然剛剛燃起的熱情，很快就平息了，但老王目前仍然

在這家公司裡任職。一方面，是因為老闆給他的報酬確實很誘人，而且合作也很愉快；另一方面，因為在他看來，企業的成長離不開自己的功勞，這家公司已經融入了他的血汗。已經年近退休之年的老王，決定就在這家公司裡結束自己的職業生涯。

身為一名專業經理人，其實對於工作熱情是有著很強的訴求的。經理人之所以不斷地更換老闆，並不僅僅是為了更好的薪水，也是為了不斷地挑戰自己。在這一點上，無論對於哪個年齡層的專業經理人而言，都是一致的。

給予經理人以挑戰，是讓經理人更加具有熱情的最佳方案。怎樣的工作算是有挑戰性的工作呢？仁者見仁智者見智，對於每個經理人來說，都有所不同，但根據我多年的工作經驗來看，這些工作都有一個共性，那就是能夠讓經理人「滿負荷」地工作。

▶滿負荷工作法

所謂滿負荷工作法，就是一種以增強企業活力、提高經濟效益為目的，以「人盡其力、物盡其用、時盡其效」為核心，以經濟責任製為基礎，在一定階段內和特定條件下，使企業內部人、財、物等諸因素達到其應有（或標定）的效能，並適當進行組合，從而使企業整體效益達到最佳狀態的管理方法（如圖 3-4 所示）。

圖 3-4 滿負荷工作法的核心

　　我認識一個老闆，大家都叫他「汪叔」，汪叔經常在辦公室裡到處蹓躂，最讓他感到頭痛的一個問題就是，很多員工在上班時間玩手機、瀏覽網站，有的甚至在看電影或電視劇，雖然當時確實是沒有事做，但汪叔覺得：「即使沒事做，也不應該這樣，我是花錢請你來上班的，而不是讓你來玩的。」有一次，汪叔來到總經理的辦公室，想找他聊聊，結果發現這位高薪請來的總經理竟然在用電腦玩遊戲。原來，公司裡的不正之風就是從這傳下去的，當汪叔與總經理就這個問題進行溝通時，那位總經理的回答卻是：「也就是沒事做的時候玩玩。」汪叔當時就生氣了，對他說：「你們是我請來的員工，就算我只給你一張桌子、一張椅子，讓你坐那什麼都不做，你也不能玩，因為你每天這 8 小時是我買下來的，自然應該用來為我服務。」不久，這位總經理就離職了。

　　雖然汪叔說的這話有些極端，但事實確實如此，即使沒

有一些事務性的工作，一個稱職的經理人也應當將時間用來思考之前的工作中有哪些優缺點，在接下來的工作中又該如何完善和保持；更重要的，是要時時圍繞公司的策略目標，規劃好今後的工作，充分利用好公司的現有資源條件，制定出下一步工作計畫，想出完成計畫目標的措施和方法。

▶激發經理人工作熱情

所謂滿負荷工作法的實踐方式，是老闆透過提出一個比較激進的總體目標，然後再劃分出幾個階段性的目標，並與經理人的個人報酬相互掛鉤，就能夠在相當程度上激發經理人更大的工作熱情。

汪叔在與我聊過那件事之後，我建議他試試採取滿負荷工作法，看看效果如何。汪叔了解了具體方法之後，就又引進了一位年輕一點的總經理，他首先就向這位總經理透露了關於滿負荷工作的構想，並與他制定了關於平均效率、平均效益和資金利稅率等三大指標的「軍令狀」。沒過多久，經理人就制定出了一份詳細的工作方案，在這份方案中詳細提出了品質目標滿負荷、經營工作滿負荷、設備運轉滿負荷、物資使用滿負荷、資金周轉滿負荷、能源利用滿負荷、費用降低滿負荷、人員工作量安排滿負荷、8小時工作滿負荷九大規範，再經過一番討論與優化之後，總經理就在一次全體會議上公布了新方案。結果，效果出乎意料，不僅總經理表

現出了高漲的工作熱情，員工們也對於工作更加投入了。

　　其實，沒有經理人願意整天閒坐在辦公室，尤其是對於年輕一些的經理人而言，更是如此。他們有理想、有抱負、也有能力，整日做些日常流程性的工作，做完就休息，還能拿著高薪，雖然是一件很舒服的事情，但對於經理人而言，反而會變得沒有挑戰性，自己也無法進行提升，久而久之，就會在業界落伍。

　　老闆透過滿負荷工作法給予經理人挑戰，自然就會激發出經理人的熱情，讓他們願意在挑戰自我中不斷成長，這樣的成長也能為經理人帶來極大的成就感，而老闆能夠從中收穫的則更多。在高漲的工作熱情下，經理人不僅能夠超常發揮自己的工作能力，並與老闆建立長期、穩定和良好的合作關係，也能夠提升公司其他成員的工作熱情，使得全公司都進入一種昂揚向上的工作狀態。

▶抓住「三盡」核心

　　在很多老闆的理解中，滿負荷工作就是要讓經理人每天都有忙不完的事情要做，這其實是對滿負荷工作法的一種誤解。身為管理者，經理人的時間應該用在「讓平凡人做出不平凡的業績來」，而不是忙於各種瑣碎的事務。

　　有一個老闆在看到了汪叔的成功之後，決定將滿負荷工作法引入到自己的公司裡。可是，他卻對滿負荷工作法有所

誤解，在他看來，滿負荷工作法，就是要讓經理人每天 8 小時不停運轉。結果他是如願了，經理人確實每天都有忙不完的事情做，可是當他詢問經理人關於部門管理有什麼看法時，經理人的回答是：「我沒時間啊！每天都有各種事情要做，我晚上把今天的工作忙完，總結一下，明天再告訴你啊！」

滿負荷工作法的核心是「人盡其力、物盡其用、時盡其效」，也就是充分發掘人的潛力，並讓原料與設備、勞動時間得到充分利用。而充分發揮人、物、時的各方面效用，並不是簡單地把每天的行程排得滿滿當當的，而是要使各方面達到最恰到好處的利用。

如果公司內部所有員工都如字面意思所說的 —— 「滿負荷工作」，誰又有時間去思考如何改進公司現狀呢？這樣的「滿負荷工作」確實能夠在短時間內為老闆帶來效益，但卻不能帶來持續穩定增長的利益。

有挑戰才能讓經理人更有熱情，而挑戰並非挑戰經理人的時間和精力，而是挑戰經理人的智力和潛能，讓經理人感到有很多東西要學，挑戰成功會為自己帶來更大的成長，這才能讓經理人帶著飽滿的熱情投入到工作中去，並且不斷地學習和思考，從而幫助公司走向更好。

第 7 章
只要信任就夠了

在眼下的社會環境中，信任，用在人與人之間的關係上，是個「奢侈品」，確實很難，尤其在老闆和專業經理人之間，要建立這種默契的關係，更難！許多私人企業大多是親戚合夥做起來的，但當企業發展起來後，這些親戚的能力和水準就開始跟不上了。導致跟不上的原因很多，可能跟文化、學歷、專業、年齡等許多方面都有關係，但根本的原因還是他們以功臣自居，沒有緊迫感和危機感，認為這是自家的企業，自己永遠不會被淘汰，因此不思進取，不追求知識更新。總之，天然的優勢使他們不知不覺中落後了，但他們與老闆之間，卻還是擁有著珍貴的「信任」關係。

而對於專業經理人，老闆總覺得不是自家人，能力強了，還得想著怎麼防一手。其實，信任用在工作關係上，只需要做到「放心」即可，就是你交代他的事，你可以放心去等待結果。如果老闆把信任轉化為這個思維，就會猛然間發現許多「幹將」，可惜的是，許多老闆不會或不太會這樣思考。比如，通常說指派任務要求「三到位」，即結果到位、負責人到位、時限到位。但很多時候我們會聽到老闆指派一

件事時，如果事情不是火燒眉毛，一般都沒有時間要求，特別是當這件事需要多人一起完成的時候，更不指定誰是領頭人或總負責人；更糟糕的，點了幾個人，結果每個人都直接向老闆彙報，領頭人變成了寡人。而且，對於結果的要求，不是不說就是說不清楚，讓被指派的人員自我猜測，你要是想去問個明白，老闆還會說你，這還不知道啊？好像做一件事也有潛規則，要自己去體悟。

從放心的角度去點將，用明確的結果去衡量，就不會任人唯親，經理人的「信任」度也會提升起來。

小李曾經在某大型企業中任職分公司總經理，但由於大企業規矩很多，小李就開始尋找其他中小企業專業經理人的職位。後來，小李來到了一家著名的童裝企業，這家企業的老闆從美國留學回來，他的太太負責設計、哥哥負責製作、嫂子負責財務，一位從小認識的好兄弟負責行銷和融資。小李算是公司引入的第一個專業經理人，成為了公司的總經理，而那位好兄弟則被晉升到了副總的位置。

在這家公司任職的兩年時間裡，小李將自己的工作重心放在了管理制度的建設上，包括品牌管理、商品管理、通路管理等，由於企業一開始根本沒有明確的管理和運作規範，這些工作幾乎都是從零開始做起。

一開始的時候，這些管理制度的制定和優化，確實給公司帶來了可喜的變化。但到了後期，由於管理分工上有所模

糊，小李的一些工作與副總發生了重疊，這就使得下屬員工陷入困惑當中，因此也發生了多頭管理和越級管理的問題。

雖然小李與老闆進行了溝通，但因為副總是老闆的兄弟，這件事到後來也就不了了之了。而隨著公司規模的進一步擴大，老闆又陸續招來了製作總監、財務總監、人事總監等經理人，但他們也相繼碰到了類似的問題，製作總監和人事總監沒多久就離開了。

後來有一次在管理會議上，一位喜歡越級彙報的部門經理再次越級向老闆反映問題，小李當場就與他發生了衝突，可是這次衝突，小李卻沒有得到老闆的支持。老闆認為，部門經理有事向他反映沒什麼問題，反而因為小李阻止他向老闆反映問題，而對小李產生了不信任。看到這樣的結果，小李心冷之下，只好選擇了離職。

小李在總結自己第一次的私人企業工作經歷時，感到最大的困擾來源就是沒有信任，企業裡存在很多非正式管道傳播的資訊，正是這些資訊卻在影響甚至決定著正常的營運秩序，而小李辛辛苦苦建立起來的流程和制度，卻成為了裝飾。

由於目前部分地區專業經理人市場還不是很完善，而這些地方的私人企業大多又都是親戚合夥開起來的，這就造成了雖然老闆已經明確知道企業迫切需要專業經理人來幫助企業提升，卻因為不信任而逼走了本來對企業頗有助益的專業經理人。

▶信任換來忠誠

我一朋友去越南旅行，和當地的華人老闆閒聊，當談到經理人的問題時，他們說：「企業會用一些華人，但很難保證他們忠誠。但是越南當地的人，只要你真心對待他們，時間長了，他們就會對企業很忠誠。而華人用了幾年，就可能帶著經驗和客戶自己做起了生意。」

然而，所謂華人的經理人真的這麼不值得信任嗎？小李在離開了那家童裝企業之後，選擇了另外一家做連鎖零售和貿易批發的公司。這家企業在南部地區有較大的市場占比，老闆一開始也是與親戚一起成立公司，但在兩年前由於發生矛盾，他們選擇了分家，在小李進入公司時，企業裡已經沒有老闆的親戚擔任管理職位。

小李進入公司後，擔任的是南部零售公司總經理，在新的職位上，小李透過對分公司以及總公司的了解和分析，制定了一系列關於職位職責、流程規範、績效考核的制度，由於當時已經接近年底，沒過多久，小李又做了一份經營預算。可以說，在剛進公司的三個月裡，小李一直都在對公司原有管理架構進行調整，更是在制定經營預算中，直接觸動了很多老員工的利益。但因為老闆的信任，而且這些制度也確實是針對公司現狀的，雖然執行過程中有些跌跌撞撞，但因為有老闆的信任和支持，一切都進行得還算順利。

3 年過去了，小李仍然在這家公司任職，並且推動了一

系列改革方案的實施，帶領南部分公司發展成為各個分公司的第一名，很多政策、制度也得到了老闆和市場的認可，開始在其他分公司推行。

　　其實，經理人並不是不值得信任，而是因為老闆一開始就對經理人抱有不信任的態度。確實，專業經理人市場上存在很多「老鼠屎」，但並不能因此就否認所有的專業經理人。老闆引進專業經理人是為了解決問題的，如果對他們處處懷疑，他們也會因為這樣的不信任，而不再對企業忠誠，有的經理人會選擇直接離職，而有的則可能產生報復心理，為企業帶來負面影響。

　　信任換來忠誠。經理人剛進入公司時，也不會對公司產生太強的忠誠度，老闆也不會對經理人多放心，這就需要兩個人的共同努力。經理人會以實際工作來表現自己的工作能力，而在這個過程中，老闆則要釋放出信任的訊號，透過幫助、支持經理人的工作，來換取經理人的忠誠。

▶責任來自信任

　　信任不僅能夠換來經理人的忠誠，也能夠給予經理人壓力，從而讓經理人產生更強的責任感。有時候，老闆對經理人不信任，就是因為擔心經理人在工作中會不盡責，殊不知老闆的這種擔心實際上就倒因為果了——專業經理人無論是否打算在一個公司久留，他都會想方設法做出成績，而不會

想留下一個失敗的經歷；因為只有做出了成績，他才能擁有覓求更好的職位的資本。就跟醫生一樣，病人上了手術檯，哪個醫生都會盡力把手術做好，否則他在業內就混不下去。家屬對醫生的擔心和老闆對經理人的擔心一樣，大可不必。

有一個經理人在進入一個新公司後，對公司的環境都很滿意，也很看好公司的發展前景，而剛進入公司時，老闆對他的各項工作也都很支持，他覺得自己這次太幸運了，對於工作自然也是盡心盡力，甚至決定就這樣一直待下去了。可是慢慢地，他卻感覺到，老闆明面上無條件地支持自己，但暗地裡卻從其他管道在收集自己的工作資訊，他一開始也覺得沒什麼，「身正不怕影子斜」，直到有一次，老闆找他談話時，問他是不是有拿回扣，他就感到很莫名其妙，問老闆從哪裡得到的這種訊息，老闆就簡單地說了句：「沒什麼，就是看到別的公司有經理人做這種事，所以問一下你，你別介意。其實，偶爾拿點回扣也能理解，但注意分寸就好。」聽了這話，他當時心一下就冷了，他不知道老闆為什麼要把這種莫須有的罪名安在自己頭上。而因為有了這種不信任感，這位經理人的工作狀態很快鬆懈下來了。

有些經理人之所以會缺乏責任感，其實很大的原因在於老闆的不信任。老闆如果不能信任經理人，經理人就會產生距離感，而不再對工作盡心盡力。

　　責任來自於信任。其實，老闆與經理人的關係就像是一段婚姻關係，信任是維繫這段關係的基礎，只有信任，才有壓力，才會產生責任感，經理人會將這種因信任而產生的壓力，轉化為工作的動力和熱情，以更好地工作成果，來回報老闆的信任。

第 8 章
經理人需要能自由發揮的內部創業環境

創業精神被越來越多人熟知和認可，在這個大力提倡全民創業、萬眾創新的時代，創業精神被人們所無限嚮往，創業這個詞也不再只是對於第一代老闆的定義，而已經成為了企業精神的一部分。正如率先提出「內部創業」概念的吉福德（Gifford Pinchot III）所說：「企業裡如果沒有廣泛存在的創業精神，沒有許多團隊的員工朝著一個更大的夢想努力使之成真，公司就會陷入舊的困境，逐漸衰亡。」

其實，早在剛進入 21 世紀時，如杜邦（DuPont de Ne-mours, Inc.）、IBM、德州儀器（Texas Instruments）、全錄（Xerox）等美國老牌公司就開始了內部創業計畫，隨著這些公司紛紛獲得成功，日本松下、富士通等企業也開始推行內部創業。如今，越來越多的老闆開始意識到，鼓勵經理人內部創業是促進企業高速發展的一條有效途徑。

我聽說過關於松下電器的一個經典故事：當時已經年近半百的大山章博是松下電器下屬人才開發公司的一名基層部門經理，主要負責松下電器員工的內部進修工作，大致就相當於企業中的培訓師。由於工作要求，大山章博經常要去了

解關於行業、市場的各種最新知識，憑藉多年的工作經驗和
敏銳直覺，大山認為在今後的幾年中，面向企業和大學的電
子學習系統市場將會孕育出無限商機。

　　然而，由於體制限制，大山章博不可能對自己部門的業務
範圍進行自由拓展，只能在公司劃定的框架內發揮。眼看著商
機無限，卻不能去從中挖掘財富，缺乏資金和信心的大山章博
不能也不敢跳出去自主創業，在之後的大半年裡，大山章博一
直都只能「望洋興嘆」。但令大山章博沒想到的是，就在那一
年年底，松下電器發表了「內部創業」計畫，成立了松下創
業基金 PSUF，並投入了 100 億日元的啟動資金。該項計畫為
那些不安於現狀並立志創業的優秀人才提供了一個自由發揮的
空間，也為「年歲已高」的松下電器增添了活力。

　　經過長達半年的面試、篩選、培訓、考察，大山章博的
電子學習系統專案成功獲選，大山章博也因此成為松下首批
內部創業計畫的的三名成員之一。如今，大山章博已經成為
松下學習系統（Panasonic Learning Systems）的社長，其主
導創立的學習系統軟體業務的成績更是令人驚嘆。

　　這就是內部創業的魅力所在。隨著企業規模的不斷擴大，
對於企業的發展，老闆也開始從「求快」轉變為「求穩」，再
加上老闆的年紀不斷增長，開創性的思想、觀念也逐漸離老闆
而去，這就使得企業充滿了「暮色」，顯得死氣沉沉。在這種
時候，引進年輕的專業經理人顯然是一個不錯的方案。

　　在老闆的計畫中，由年輕的專業經理人為企業注入新鮮的血液，自然是很完美的一件事，但如果沒有讓能力自由發揮的內部創業環境，專業經理人反而可能會被老闆和企業所影響，而失去了應有的活力。實踐證明，老闆如能推行內部創業計畫，創造一個經理人的能力能夠得到自由發揮的內部創業環境，會給企業的未來發展注入新的能源與動力。

▶創造內部創業環境

　　在老闆與專業經理人的相處中，老闆需要向經理人釋放的一個資訊就是：勇於挑戰新事物的人，將比安於現狀的人得到更高的經濟回報，也能得到老闆的器重。

　　一旦這樣的資訊被釋放出來，那些勇於挑戰的經理人自然就會站出來，畢竟，「一切向錢看」是很現實的一件事，但除了金錢這樣的物質收益，經理人更希望能夠在不斷的自我挑戰中，不斷成長。也正是這樣的經理人，才有能力幫助企業實現資源的重組與利用，而內部創業則自帶有這樣的動力內涵（如圖 3-5 所示）。

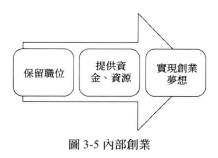

圖 3-5 內部創業

　　「保留職位，提供資金、資源，讓你實現創業夢想。」這對於很多經理人而言，聽起來就像一個遙不可及的夢，但在西元 2012 年初，某電信公司就啟動了這樣的內部創業計畫，申請該項計畫並獲選的經理人，將擁有組建自己的內部創業團隊的權力，並能夠得到電信提供的首期約 22 至 45 萬元的初期投資，以及兩年的創業時間。在這段時間裡，電信將會為經理人保留其現有職位，而對於創業成功的經理人，他們不僅能夠獲得職位上的晉升，電信也將為他們提供保底總額 8.8 億元的獎金。

　　這就是一個典型的內部創業激勵計畫。一般而言，經濟報酬對於經理人來說，並不是最具有吸引力的激勵方法，成就感、社會地位、實現理想的機會，以及自主性和自由使用資源的權力，反而對經理人有更大的誘惑。

　　身為經理人，他們時常會有創業的衝動，尤其是 40 歲以下的經理人，總會想著自己能否當個老闆呢？而內部創業計畫正好能夠賦予那些有創業想法的經理人機會，不僅激勵他們發揮自己的潛能，而且透過內部創業也能夠留住這些值得擁有的經理人，一旦創業成功，還能為企業帶來新的發展源動力。這時，除了獎勵之外，將經理人變成創業專案的合夥人，也不失為一種雙贏的選擇！

▶老闆魄力是關鍵

內部創業計畫說起來很簡單，其實卻需要老闆擁有極大的魄力。內部創業計畫的實施，就意味著老闆要給予經理人近乎完全的授權。在一個典型的內部創業計畫中，經理人拿著老闆的錢，用著老闆的人，來創自己的業，這對於很多老闆而言，都難以接受。

我認識一個老闆，已經快到退休的年紀，他辛辛苦苦成立的公司也已經有了不小的規模，但他覺得公司就好像自己一樣，也已經老了。雖然基層員工大多都是些三十歲上下的年輕人，但中高階管理層的思維都已經老化。我就告訴他松下和電信公司的故事，老闆一聽，覺得這個計畫好，回去和自己的智囊團商議，他們聽了之後想了想，對老闆說：「您確定要這樣做嗎？」老闆回頭自己再想了想，擔心投入的成本收不回來，也擔心這樣的計畫造成人心浮動、軍心不穩，最終還是說「算了」。

其實，對於老闆而言，內部創業的經理人就好像是企業內部的企業家，所謂的創業仍然是在企業內部的框架下，他們的創業行動最終仍然是為組織的目標、老闆的利益而服務的。

當內部創業計畫實施之後，老闆需要對每一個經理人提交的申請進行詳細的審查，查什麼？就是檢視，如果這項創業計畫成功了，是否能夠促進企業的創新型發展。只要經過

嚴格的篩選，以及對於內部創業計畫進行過程的監控，老闆又何必擔憂呢？

　　當然，我們也看到了內部創業計畫中的一些隱憂。在一個成熟的內部創業環境中，老闆習以為常的「部門責任制」將成為歷史。在老闆傳統的思維觀念中，哪個環節出現了問題，他就要追究對應部門的責任；但在一個經理人能夠自由發揮能力的內部創業環境中，部門責任制則失去了存在意義，即使是一個產品總監的內部創業計畫，也可能涉及產品、財務、行銷、人事等各個部門。這時候，「部門責任制」就將轉變為「經理人責任制」。

　　在推行內部創業計畫的初期，為了在推進企業創新的同時，維持企業的穩定發展，最好保留各職能部門劃分，將內部創業者的工作獨立於企業正常營運之外。在這種時候，內部創業者想要尋求各個部門的幫助，就需要主動謙虛地發出請求，比如，「我非常欣賞你的創造力，我希望你能夠與我們一起來完成這個專案」之類的話——「命令」變為「感謝」，這對於企業「以人為本」的發展而言，同樣是一種有益的嘗試。

　　為了規避內部創業成功後經理人離職單飛可能產生的風險，可制定創業成功的合夥人機制，這些風險就完全可控了。如此，老闆從中所能收穫到的則遠遠不止是一個新型的業務方案，更能夠完成經理人的激勵和保留、企業文化的改善、企業活力的提升等各種任務。

▶打造「升級版」專業經理人

　　誠然，在一個經理人能夠自由發揮自身能力的內部創業環境中，經理人並不是一個真正意義上的企業家。雖然經理人會更主動地發揮自己的才能，以實現創業計畫的成功，但說到底，對於創業而言，最大的問題在哪呢？就是啟動資金，而對於內部創業者而言，這筆資金卻不是他們自己的錢，而是公司的錢，他們將承擔更小的風險。

　　一個老闆在接觸到內部創業之後，對這一計畫進行了大量的研究。他發現，根據數據顯示，企業新產品上市的失敗率大約落在 40％至 90％之間，這與自主創業失敗的風險幾乎等同，因此在依靠原有產品已經很難實現企業的突破發展時，這位老闆最終決定還是推行內部創業計畫。為什麼呢？這位老闆是這麼說服其他幾個股東的：「既然我們自己開發新產品的失敗率跟創業失敗的機率是一樣的，為什麼不集思廣益，讓企業裡所有的經理人來幫助我們開發新產品呢？既然我們能夠篩選和控制，就意味著，這其中的風險其實大大降低了。而且這樣的方法也省時省力，即使失敗，我們付出的代價相對來說也會小很多。」

　　很多經理人其實都有做出一番事業的野心，他們不甘於過平淡的專業經理人生活，但自主創業的成本和風險阻礙了他們實現抱負的行動。出於理性的判斷，他們還是選擇了在企業內擔任經理人，在這樣的無奈的選擇中，很多經理人都

收斂起了自己的野心，因為「過日子比創新更保險」。老闆
通常不會給經理人很高的薪水，而自主創業又將面臨更大的
風險，這樣一來，經理人自然情願在幫老闆工作時選擇更加
「保守」的策略。

而內部創業環境卻能夠讓經理人在沒有後顧之憂的情況
下，過足「老闆癮」，從而實現自己的野心和抱負。

經理人需要能力自由發揮的內部創業環境，而老闆也需
要經理人在這樣的環境中做出更好的成績。但有一點需要注
意的就是，在一個成熟的內部創業環境中，企業裡將存在很
多分散、獨立且扁平化的小組織，就好像一個集團公司的各
個業務部一樣，老闆在這時候所要著重考量的是，應當如何
將這些小組織累積起來的創新資源有效整合起來，將各個經
理人聚集起來，從而使他們的工作能夠共同服務於企業的長
期發展。

第 9 章
讓經理人實現價值需求

早在 70 多年前，馬斯洛（Abraham Harold Maslow）就提出了需求層次理論，將人的需求劃分為了生理需求、安全需求、社交需求、尊重需求和自我價值實現需求五個層次。

經理人的最高需求與馬斯洛需求層次分級一樣，就是自我價值實現的需求。如何才能夠實現自我價值？很簡單，就是不斷地學習深造，以更豐富的工作經驗和更專業的工作技能，贏得別人的尊重，從而做出讓自己感到驕傲的成績。只要我們稍加引導，就能夠實現經理人的自我價值實現需求與公司發展需求的重合。

▶豐富經理人的工作經驗

滿負荷工作法要求實現「人盡其才」，那什麼叫做人盡其才呢？「駿馬能歷險，犁田不如牛。堅車能載重，渡河不如舟。舍長以就短，智者難為謀。」將合適的人才放到合適的職位上，經理人才能在最大程度上發揮自己的能力和特長。

有一個老闆在進行企業決策時，喜歡把公司裡面所有的

經理人召集在一起來商討方案，在集思廣益中，制定出一個最完善的計畫方案，也能夠在後期執行中減少阻礙。但正是一樣的一個「腦力激盪」會議，卻挑起了公司裡兩大經理人的矛盾 —— 公司裡大多數需要討論的方案，基本都是由業務部和策劃部為主的，業務部經理長期做業務，自然是能說會道，而策劃部經理則是一個比較內斂的人，因此，常常發生的一個情況就是，不管是什麼商討會，業務部經理都是最活躍的，經常會發表各種意見，有時候激動了也會直接說：「你這怎麼行，這樣不行，得那樣……」有一次，策劃部經理就生氣了：「你行你來啊！」

且不談這個「腦力激盪」做得如何，我們就看這句「你行你來啊！」其實，我們在工作中經常會碰到這樣的情況，一個經理人經常會覺得另外一個經理人做得這不好、那不對。這時候，我們不妨使用工作豐富化的方法，給予經理人「輪調」的機會，讓他們切實地站在別的部門的立場上去處理工作。就像那句話所說的：「你覺得你能把他的工作做得更好，很簡單啊！你來試試。」

這樣的「輪調」或者說測試機會，對於中層經理人是很有誘惑力的。每個專業經理人的終極目標都是走上總經理的位置，而總經理所要處理的並不僅僅是某個部門的工作，總經理需要對公司營運的每個環節都有所了解，才能做出好的成績。「輪調」則給了某個部門經理人深入了解其他部門工

作流程的機會，對於老闆而言，在不影響公司正常運轉的前提下，換一個人來從事某一部門的工作，或許也能為老闆帶來某些意想不到的驚喜。

▶提升經理人的專業技能

我認識一個老闆，就十分重視給予經理人接受培訓、獨立思考的機會。在他的公司裡，經理人每個月能夠申請一次週末培訓報銷，至於參加怎樣的培訓，經理人只要在申請表上寫出合理的原因即可，費用全報，且一年下來，工作出色的經理人還可以獲得出國培訓考察的機會；除此之外，每個經理人每個月還有一天帶薪休假的機會 —— 也就是「深造假」。

在知識經濟時代，我們將如今的社會環境，稱為學習型社會。每個人想要在這個社會環境下過得更好，就需進行「終身學習」，但學習是需要時間的，有很多經理人每天的工作都需要加班加點才能完成，所謂的「下班時間」，可能就只是睡覺時間而已，在這樣的情況下，又哪有時間去提升自己的專業技能呢？不重視學習，沒有理論更新的企業，只會造就一批憑經驗辦事的「辦事員」。

經理人對學習深造有著極高的渴求，而在現代化的管理理念中，「教育培訓是最大的福利」。我們可能會疑惑，為什麼有很多經理人會一直留在某個薪資不是很高的企業裡，而有的老闆給了很高的薪水，還是留不住經理人？其中原因之

一，就在於老闆是否能夠給予教育培訓的機會。這個機會對
於經理人而言，意味著什麼呢？意味著他能夠不斷成長，直
到實現自我價值的那一天，而在這個過程中，生活有薪水、
學費能報銷、請假還帶薪，這樣的福利對於經理人而言，自
然是很大的誘惑。

PART4

專業經理人到底想要什麼

專業經理人到底想要什麼？一千個經理人就有一千個不同的回答。不過，不管什麼樣的回答和要求，都始終逃不開金錢、名譽、安全感、歸屬感等幾個要素。經理人也是人，不論他擁有多強的工作能力，總有一些共同的追求。比如追求退休後的安全感、追求公司股權、追求歸屬感等；並且，經理人在不同的人生階段，追求的東西也有區別。老闆要想留住經理人，就應該明白不同階段的經理人最需要什麼。

第 1 章
35 歲以前的經理人最需要什麼

　　很多老闆都說，專業經理人這個群體真是讓人摸不透，說他需要高薪吧，有時候給他高薪也留不住他；說他需要舞臺吧，有時候他又想出去創業，想要和老闆一樣擁有自己的企業。經理人到底需要什麼？

　　想知道經理人要什麼，老闆不能只從工作本身出發去考量問題，還要從經理人「人」的屬性出發去考量問題。一個人在不同的年齡階段，其內心和生活的需求是不一樣的 —— 剛入職場的經理人充滿了鬥志和好奇，但經驗和實踐能力有所欠缺；在職場有所斬獲的經理人遭遇發展瓶頸，在迷茫中想要突破。只有老闆抓住了各個年齡層經理人的心態和需求，才能用好經理人。

　　一位老闆創業已經十幾年了，在這十幾年裡，他努力經營自己的連鎖店生意，成績一直不錯。隨著連鎖生意的不斷擴大，老闆自己已無力承擔更多的壓力，他非常想找一位經理人來分擔他的壓力。

　　這位老闆找的第一任經理人，是一位具有豐富經驗的經理人。他進入企業後，立刻著手建設企業的制度，企業很快

就走向了標準化，連鎖店再也不需要老闆經常去盯著了，老闆對經理人非常信賴。但讓老闆頭疼的是，這位經理人在工作了兩年後，委婉地表示他要辭職了，老闆以為是年薪開得不夠高，就跟經理人提出了加薪的條件，但經理人還是拒絕了，他說想到其他的行業再發展一下，老闆眼見留不住，也不好再說什麼。後來，老闆從其他人口中得知，原來這位經理人並不是覺得自己的薪水少，而是覺得連鎖店的生意舞臺對他而言有些小，他想到其他更大的舞臺試看看 —— 當時，這位經理人當時剛過 40 歲。

之後，老闆覺得企業的制度已經比較完善了，應該找一位進取心比較強的經理人來幫助自己擴大連鎖店的生意，所以他找了一位剛成為經理人沒幾年的 30 歲青年人，而入職後，這位年輕的經理人也確實為公司帶來了不菲的業績。

老闆本以為這個小夥子應該可以跟著企業一起成長，但沒有想到的是，剛剛工作了半年，這位經理人就提出了辭職請求，理由是不適合企業發展。老闆從來沒有覺得這位經理人不適合，所以他並不認同這個理由，後來再一打聽，原來是另一家企業以更高的年薪把經理人挖走了。

這位老闆在多年後回顧自己初用經理人的經歷，才了解了自己剛用經理人的時候，也是自己當老闆並不成熟的時候。那時候他並不懂得如何去和經理人深入地溝通，不懂得如何去掌握經理人的心理狀態和需求，甚至只認為，能讓經

理人做好工作就萬事大吉了。

確實，老闆與經理人相處並不是一件簡單的事情，雖然說經理人是為老闆而生的，但老闆如果搞不懂經理人在想什麼，想要什麼，那經理人遲早也會離老闆而去。

人在不同的年齡階段，心理和物質層面的需求是不一樣的。上面提到的兩位經理人，雖然都從該企業離職了，但其離職原因卻截然不同 —— 40 歲的經理人是因為舞臺太小，而 30 歲的經理人是因為錢太少。那我們不禁要問，經理人到底想要什麼？薪水？舞臺？成長？還是人際關係？

其實，經理人到底需要什麼，這得從人性出發，根據經理人所處的年齡階段來具體分析。我們先看 35 歲以前的經理人最需要什麼。

▶需要金錢

天下熙熙皆為利來，天下攘攘皆為利往。在這個資本驅動世界運轉的時代，不談錢只談理想的，那是徹底的虛偽。這個年齡層的經理人到某個企業任職，薪水就是他最重要考量的因素，沒有一個經理人願意拿著很低的薪水，卻還要賣力地為企業付出。

35 歲以前的經理人，因為進入職場的時間並不長，他自身的物質累積並不多，且這個年齡層的人都要面臨結婚、生子、養家餬口的挑戰，所以他們努力工作很大一部分動力就

是來自於物質需求。這也就可以解釋，為什麼年輕一些的經理人往往跳槽比較頻繁，除了他們心態不穩定外，更重要的原因則是高薪的誘惑。

　　所以，老闆在任用這個年齡層的經理人的時候，可採取下列措施（如圖 4-1 所示）：

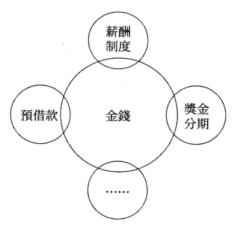

圖 4-1 任用 35 歲以下經理人的薪酬方式

1. 在薪酬制度上，老闆可以將年輕經理人的底薪定得與同業相當，但是業績抽成和分紅要有誘惑性；如果業績抽成的週期比較長，老闆可以考慮縮短週期，或採取分段抽成的辦法；

2. 可以設定一些經理人可能會發生的重大家庭支出由公司提供部分借款的制度，且在工作達到某一段時間後不計利息；

3. 可以設定年終獎分期支付制度，比如當年獎金先支付 70%，剩餘 30% 於第三年支付；如果沒有做到第三年，則打折或作自動放棄處理。當然，這個辦法的前提是年終獎金的金額有較大的誘惑力。

總之，可以從看得到的眼前利益出發，來採取一些「利益留人」的辦法。

▶需要尋找人生導師

30 多歲的經理人，其個人的工作風格還沒有完全定型，尤其是對於剛入職場的經理人來說，他雖然具備專業知識，但是在實際工作中，他到底在哪些方面更有潛力，或許他自己都不清楚。

而老闆閱人無數，眼界自然比經理人高，看得也比較通透，這個時候就應該引導和啟發年輕的經理人。即使 35 歲以前的經理人比較看重薪水，但他們也明白，自己的成長非常重要，如果自己能力不足，是沒有人願意付高薪聘請他們的，老闆如果能夠適當地提點他們，他們或許就能把老闆當老師看待。

經理人尋求人生導師，老闆即時引導和啟發，這從某種意義上來說也是老闆在為公司儲備人才。不要總以為成熟的經理人好用，其實成長中的經理人更具開發和培養潛力，經理人如果在企業中把老闆當成了導師，那他就更有可能跟著企業一起發展，一起成長。

▶需要引導世界觀，培養忠誠心

都說忠誠是老闆和經理人相處的基礎，但現實當中，很多年輕經理人的價值觀還不成熟，也非常欠缺忠誠心。他們涉世不深，年輕狂妄的念頭往往會左右他們的行為，這時，老闆的價值觀和為人處世行為，會對他們產生很大的影響力。

其實，年輕經理人的忠誠心也是培養出來的，在他們的成長過程當中，如果老闆善於以情動人，善於關懷他們的成長，忠誠心是很容易培養起來的。如果老闆只一味要求經理人必須忠誠，而不懂得如何去引導，這只會引發衝突。

經理人在成長，老闆其實也在成長。35 歲以前的經理人渴望高薪、渴望成長，這些都是他們的迫切需求，只要關注這兩點，就能有的放矢，留住年輕的經理人，使之成為企業未來的核心。

第 2 章
35 至 45 歲的經理人最想要什麼

　　35 歲以前的經理人想要的東西太多，因為他們畢竟是初入職場，還沒有明確自己的定位，也沒有發現自己的專長，再加上需要應付生活的壓力，需要累積人生的資源，所以這個階段的經理人既有熱情，也有可塑性，如果老闆提點得當，經理人會跟著企業一直發展下去。

　　那麼，當經理人經過職場的歷練，年齡進入 35 至 45 歲時，他們的心態和選擇又會發生什麼樣的變化呢？

　　處在這個年齡階段的經理人經過職場的磨合，做事風格基本定型，他們工作的熱情也逐漸處於巔峰狀態，但他們想要的東西逐漸從龐雜走向簡單，以前他們對什麼都好奇，什麼都想要，進入這個年齡階段後他們的需求會變得比較務實。當然，薪酬依然是他們追求的重要目標之一，但除了薪酬之外，這個階段的經理人開始重視發展舞臺，有一個好的發展舞臺，意味著經理人的能力可以有更大的發揮空間，如果能力能夠充分發揮，業績自然不是問題，那薪酬就更不在話下。

　　某中小企業的老闆曾這樣抱怨：「現在的經理人都很傲氣，給高薪了還嫌棄我們企業舞臺太小，可是人家大企業根

本給不了他那麼高的薪酬！」我問這位老闆這是怎麼回事。

原來，這位老闆剛剛認識了一位在業界口碑不錯的經理人，兩人聊得比較投機，正好老闆想找一位經理人來給幫自己分擔壓力，於是向這位經理人伸出了橄欖枝。這位經理人倒是非常謹慎，他提出要先了解一下企業的情況。

因為這位老闆事先也了解這位經理人在原先公司的薪酬待遇，因此他給經理人開出了比上個公司高很多的條件。老闆以為這位經理人肯定能夠被吸引過來，誰知道，經理人在了解完該企業的情況後，婉拒了老闆的邀請。

老闆非常納悶，他追問經理人原因，經理人告訴老闆，他覺得該企業能夠提供給他的發展舞臺有點小，他如果進入，發展兩三年後就沒有發展空間了，這不符合他的期望。

我問這位老闆：「該經理人什麼年紀？」老闆說：「剛40 歲，年富力強的年紀。」

很多老闆對經理人的理解往往是從自己的角度出發的，他們認為經理人進入企業提供業績，然後拿到報酬，這就夠了 —— 老闆要的是業績，經理人要的是薪酬。就像這位老闆，他單純地覺得自己開出的薪酬已經比該經理人之前的高很多了，經理人沒有理由不來，而一旦遭到經理人拒絕，他就覺得經理人非常傲氣。其實，這跟經理人是否傲氣真的沒有關係，而是因為老闆沒有明白，這個年齡層的經理人最需要什麼。

要知道這個年齡層的經理人需要什麼，就要從經理人的角度出發去分析。

▶事業觀逐漸清晰，尋求未來發展空間

這個年齡層的經理人不再像年輕人一樣頻繁跳槽，他們變動工作時會顯得很謹慎。經過一段時間的累積，薪酬不再是他們選擇工作的首要因素，未來發展的空間和舞臺上升為首要因素。

每個人在職業發展過程當中，都有成就事業的夢想，經理人也不例外。過了唯錢是瞻的階段，他們的事業觀逐漸形成。自己未來到底想要成就一番什麼樣的事業，是一直當經理人跟著老闆前進呢？還是進入更大的舞臺，成為明星經理人？抑或是出去創業更好？這些問題會逐漸浮現在經理人的腦海中。

另外，經理人也逐漸明白了薪酬與舞臺之間的關係——如果自己眼裡只盯著薪酬，那未來很多年，自己可能就永遠只能拿那麼一點薪資；但如果尋找到一個非常有發展潛力的舞臺，那就不一樣了。隨著舞臺的擴大，自己的薪酬必然水漲船高，而且還可能有機會成為小老闆呢！況且，在大的舞臺上，自己的潛能可以得到更充分發揮。

所以，如果老闆明白這個道理，在選擇專業經理人的時候，心裡就會更有底——如果自己的企業是新創企業，那就應該選擇開拓性比較強的年輕經理人，這樣對經理人和對

企業來說，都有成長的機會。前面提到的那位老闆，就是陷入了經理人名氣的迷信之中，名氣大一點的經理人雖然能力強，但他的要求也高，就像有句俗語說的，小廟裡留不住大和尚。如果企業舞臺不大，即使請到了一位知名經理人，那也無法長久，經理人在感覺能力受限的時候就會選擇離開。

當然，如果老闆覺得企業非常需要處在這個年齡階段的經理人，那就應該在保證薪酬的前提下，盡可能提供廣闊的舞臺，即使舞臺不夠大，也可以針對性地提供經理人相應的保障，如讓渡股權等。

▶渴望實現自我價值

諸葛亮一腔抱負就等著遇到一位明君，經理人的情況也跟諸葛亮的情況很像，他們滿懷抱負，想透過自己的努力實現自我價值和夢想，但是他們往往缺少資源、舞臺、機會等，所以，進入一家什麼樣的企業，就意味著經理人在選擇一個什麼樣的舞臺和機會。換言之，能不能實現自己的抱負和價值，相當程度上是受舞臺影響的，尤其是對 35 至 45 歲的經理人來說，讓他們試錯的機會並不多，他們選擇舞臺時會更加謹慎。

從老闆的角度來說，他們也希望得到一位像諸葛亮一樣的經理人，這樣老闆就多了左膀右臂，企業發展的動力將更加強勁。

　　既然經理人渴望實現自我價值，那老闆在提供舞臺的時候就要考量到多提供經理人實現自我價值的機會和權力。諸葛亮能夠鞠躬盡瘁死而後已，是因為劉備充分信賴他，並提供他足夠的權力、足夠的資源。只有諸葛亮的能力加上劉備的資源，諸葛亮的自身價值才能實現，劉備的偉業才能有眉目，這樣說來，老闆和經理人其實是互補、互相成就的關係。

　　有的經理人希望在達成業績目標的時候，能夠將自己的管理理念貫徹到公司當中，如果這樣的理念是與公司發展宗旨一致的，老闆就應該給他方便；有的經理人希望能夠將自己的慈善理念植入企業文化當中，老闆也應當積極支持，因為這是雙贏的局面——不僅幫助企業強化品牌形象，也能讓經理人實現自我價值。

▶家庭的壓力和人到中年的焦慮、迷茫

　　人到中年的時候，會遇到一系列的心理問題，比如對人生方向的迷茫和焦慮、對自己價值的質疑、對家庭壓力的承擔等等，這一系列的問題深刻地影響著這個年齡層經理人的工作狀態。

　　這個年齡的經理人，家庭壓力逐漸增大，孩子要上學、擇校，家裡有老人需要照顧，所謂上有老下有小，這對經理人的精力是很大的考驗。即使是一心撲在工作上，人到中年

的焦慮和迷茫也會時時出現在經理人的心頭：自己這些年都
忙了些什麼？未來怎麼走？自己的夢想和抱負如何實現？

　　老闆如果是過來人，肯定也深有體會。所以在招募或者
管理經理人的時候，老闆要特別注意這些問題。老闆和經理
人保持情感連結，有一個作用就是能夠隨時了解經理人的想
法，以便在合適的時機給經理人一些心理疏導，讓他們走出
迷茫，走向未來。

　　的確，35 ～ 45 歲的經理人處在一個敏感的階段，他們
自身變得更加務實，事業觀、價值觀都已經定型，做事也會
比較穩重，老闆也喜歡這樣的經理人，但老闆一定要清楚，
要留住他們，千萬不要以為拿錢就可以搞定，舞臺、機會、
資源等都是他們需要的。

第 3 章
45 至 50 歲的經理人在擔憂什麼

　　一個人到了 45 至 50 歲，人生的時光已經過了大半。一方面人的身體、精力都在往下坡路走，另一方面人脈、資源累積也達到了一定的高度。對經理人來說，到了這個年紀，他已經沒有過多的精力再去折騰了。薪酬、舞臺確實重要，但是相較於穩定的工作和生活狀態，他們更在意的是後者。奮鬥了大半輩子，他們的子女也已經步入社會，家庭的負擔也不是問題，他們想慢下來慢慢享受生活，去做一些自己喜歡做的事情，所以，穩定就顯得分外重要。

　　其次，很多經理人經過十幾年、二十幾年的發展，他們的職位一步步升上來，但最終都會遇到一個繞不過去的問題 —— 職業天花板。從最初的基層員工，到了部門經理，再到總監，再到分管一面的副總經理，他們的奮鬥過程非常艱辛，到了副總經理的時候，企業裡往往再難有經理人上升的空間，他們遭遇到了職業的天花板。

　　況且，時代發展的節奏越來越快，社會上各種事物更新換代的速度不斷翻倍，轉眼間跟經理人隔了代的年輕人都已經進入企業的重要職位，他們的思維、做事方式跟經理人有

了很大的差別，經理人感覺不會管理下屬了，他的危機感會
加強，對自己的未來也有了隱隱的擔憂。

具體說來，這個年齡層的經理人都有哪些擔憂呢？

▶擔憂沒有穩定的工作環境

到了這個年齡層的經理人，很少人還精力旺盛地像年輕
人一樣去折騰。這個年齡層的經理人渴望在工作之餘能夠追
求自己的喜好，渴望能夠靜下來思考人生，渴望將沒有實現
的夢想趕緊實現。

▶擔憂一輩子工作，到頭來一無所獲

經理人制度由來已久，這個從起源於西方市場的企業制
度經過這麼多年的發展，也逐漸出現了一些問題，那就是前
面所提到的職業天花板問題。經理人辛辛苦苦大半輩子，如
果始終都是為老闆工作，他們也會失去奮鬥的熱情。到了這
個階段，薪酬、舞臺等因素對經理人的誘惑已經沒有之前那
麼大了，留給經理人的選擇也變得屈指可數，不是繼續留在
企業奮鬥，就是利用自己的資源出去創業。

但是，45 歲以上的年紀，出去創業談何容易。即使經理
人已經積攢了足夠的人脈和資源，但創業的最佳時機已經過
去，經理人的身體條件、精力、思維等已經不容許他們再做
創業這樣風險極高的事情。

　　如果選擇繼續留在企業，沒有晉升空間，沒有發展前景，退休時也留不下什麼東西，經理人哪會甘心？

　　這幾年，經理人遇到瓶頸的情況越來越明顯，很多經理人紛紛跳槽創業，比如某集團資深經理人的離職，就為經理人市場帶來了巨大的震動——對於年薪幾億或幾十億的這位經理人來說，他的專業經理人生涯是會讓很多人欽羨的，但他卻毅然決然地選擇辭職創業。

　　這類副總裁級別經理人辭職的事件留給這個市場一個艱難的問題——經理人的未來在哪裡？這個制度在當下既已經暴露出如此大的問題，那麼它還能持續多久？這不單是經理人在考量的問題，更是老闆需要考量的問題。

　　如果老闆忽略他們的這種擔憂，經理人就會懷疑老闆是不是想拋棄自己？老闆是不是想「卸磨殺驢」？如果老闆不能解決經理人的這些問題，就可能面臨經理人的離職潮，企業吸引人才本來就不容易，如果出現離職潮，企業將會陷入真正的危機。

▶嘗試合夥人制度

　　如果老闆拉這些勞苦功高的經理人入夥，和自己一起成為企業的所有者，一起為企業的未來努力，這或許會帶給經理人不一樣的未來。因為從「保母」到「主人」身分的轉變，不僅能夠解決經理人的諸多擔憂，更能激發經理人的熱

情 —— 人都有私心，當自己成為企業的主人後，肯定會不遺餘力地促進企業發展。

　　某集團的合夥人制度，就是想將經理人和員工從「保母」變為「主人」 —— 合夥人制度規定公司員工透過持有股票以及跟投專案變身為合夥人，除此之外，此集團還推出內部創業制度和「外部合夥人」制度：

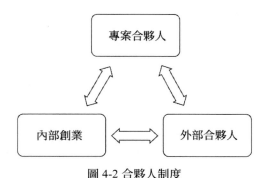

圖 4-2 合夥人制度

　　所謂內部創業，就是某集團鼓勵內部員工 —— 不管是普通員工還是經理人 —— 可以在某集團的舞臺之上進行創業。但內部創業有一定約束：符合「城市配套服務商導向」；專案有益於集團生態系統建設；業務可被複製，並具備形成規模的可能性；堅持市場化競爭原則，不損害集團利益；內部創業限於支持司齡超過兩年的內部員工創業，創業專案需經集團試錯會議批准；員工創業需辭職；參與創業專案的離職員工，可保留離職前的工作績效紀錄；兩年內創業員工可選擇回歸集團等。

　　而外部合夥人，是針對從某集團離職的一些高級主管來說的。例如某資深經理人從集團離職後，集團就宣布此經理人是集團的外部合夥人，可以支持此經理人做創客空間。由此看來，集團的外部合夥人就是指那些從集團離職、雖然在集團沒有行政職位，但依然在外面為集團貢獻的人。

　　某集團的這個合夥人制度目前還在探索階段，後續可能推出更多升級的版本，目前看來，合夥人制度對解決經理人制度的弊端有很大的作用，它能配合各地國情和傳統文化融入企業制度進行創新，可說這個「合夥人制度」將是未來不可小覷的企業權力結構改革的指標，值得老闆們去嘗試。

　　當下，市場中許多企業都在股權激勵、人事制度創新方面有所突破，而合夥人制度能否徹底解決經理人制度的瓶頸，雖然仍需要被市場檢驗，但前景可說是相當被看好的。

第 4 章
過了 **50** 歲的經理人在想什麼

　　過了 50 歲的經理人，即將面對如何解決自己退休以後的生活問題。經過很多年的累積，經理人再也不用為薪酬、舞臺、資源等東西操心了，他們更加在乎情感的滿足、在乎多交幾個有趣的朋友。

　　一般來說，企業老闆願意聘用 50 歲以上的經理人，一方面是因為這個階段的經理人在漫長的工作過程當中累積了豐富的管理經驗，這些經驗可能是老闆不具備的，聘請這樣的經理人使得老闆可以向其學習；另一方面，這個年齡層的經理人已經累積了足夠多的人脈資源，透過這些經理人之手，企業可以比較容易地獲得一些稀缺資源。

　　所以說這個年齡層的經理人是很多老闆都願意得到的，並且往往是可遇而不可求。老闆要想邀請這個年齡層的經理人，或者說留住這個年齡層的經理人，就必須從他們看重的地方入手。這個年齡層的經理人比較在乎感情滿足，比較在乎知己朋友，老闆可以從以下這幾個方面做些嘗試。

▶不與經理人以上下級關係相處，做他的朋友

50 歲以後的經理人對權力看得比較淡了，他不想要太多的權力，但是也不想始終以下級的身分與老闆相處。以前工作的時候為了增強團隊的凝聚力，為了維護老闆的威嚴，經理人必須聽從老闆的命令，但是到了這個階段，經理人陪伴老闆多年，已經像老闆的老友一般，層級關係開始淡化 —— 經理人在心理上更願意與老闆以朋友相稱，而對老闆擺架子感到反感。

所以老闆在處理這種關係時，要拋棄自己老闆的身分，以朋友的關心和照顧去獲得經理人的信賴和依靠，經理人在情感上得到了滿足，自然就會把朋友的事情當成自己的事情，盡心盡力去完成。

人生一世，生意是沒有盡頭的，但朋友卻得之不易。對老闆來說，獲得一個好的朋友，人生也就更加圓滿，同理，當經理人的朋友，也會是是雙贏的局面。

▶為經理人的退休生活提供保障，滿足其歸屬感

很多人辛辛苦苦工作一輩子，如果讓他突然離開生活工作了多年的環境，他會非常不習慣，就像有些董事長在突然放權後，整天憋得難受，好像他自己被這個世界拋棄了。同樣地，經理人如果突然間閒下來，他多年養成的忙碌習慣會

讓他非常難受，他會覺得渾身不自在、非常焦慮，甚至會覺得自己突然「沒用」了。

老闆要想讓這個階段的經理人發揮作用，就應當根據他的專長，把他樹為企業某方面的專家，讓他主動地參與企業事務成為某一方面的「權威」。在推行「師徒制」的企業裡，這個年齡層的經理人最適合做導師、帶徒弟，他們對培養後進充滿熱情，傳授知識和經驗也會毫無保留，而由他們帶出來的新人，往往也更適合企業的需要。

▶滿足其成就感，讓他把有價值的東西留給企業

目前業界有一種流行的現象，那就是到了一定歲數的經理人，他雖然不能衝鋒陷陣為企業拿回最直接的業績，但是他們發揮自己的優勢，開始在企業內當起了培訓師。

經理人經過多年的累積，在工作經驗、管理經驗以及人生經驗上都有自己獨到的見解，這些東西經過經理人的內化，成為非常寶貴的資產，但如果他們沒有傳承給企業其他的員工，這些東西就被浪費了。目前有些老闆為了統一員工的思想、增強團隊凝聚力，都花了大把力氣邀請外部講師進行員工培訓，但也有一些老闆很聰明，他們直接讓經理人成為企業培訓師來培訓員工。這樣做有幾個好處，如圖 4-3 所示。

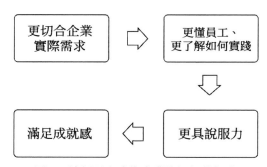

圖 4-3 讓經理人成為企業培訓師的好處

1. 經理人對企業的發展歷程、企業文化、價值觀等理解比較深，由經理人做培訓，更切合企業的實際需求；

2. 經理人是將理論和經驗相結合的「集大成者」，他們更懂企業和員工，講出來的內容更具體；

3. 經理人自身更具說服力，他的成績是有目共睹的，更容易讓員工產生共鳴；

4. 滿足了經理人的成就感，經理人辛苦多年，他內心渴望將自己的經驗體會傳承給其後進，如果讓他幫員工進行培訓，他內心的成就感會油然而生。

　　總而言之，如果老闆懂得尊重和重視這個年齡層的經理人，讓他們派上真正合適的用場，必定會給企業、老闆和經理人帶來三贏的局面。

PART5

專業經理人也想「管理」老闆

　　專業經理人是向老闆負責的，這句話不假。但並不是老闆就永遠正確，不需要成長，老闆和經理人是需要相互督促的 —— 經理人要聽老闆的指揮，同時他也想「管一管」老闆，讓老闆改掉一些不良的習慣和毛病，讓老闆成為更好的老闆。說到底，他是想與老闆一起促進企業更好更快地發展！

第 1 章
經理人為什麼也想管著老闆

老闆與經理人的關係處理一直是富有爭議的話題,老闆該怎麼做才能留住經理人?而經理人需要怎麼做才能贏得老闆的青睞?這是老闆和經理人都孜孜以求的問題。經理人聽命於老闆,即時認真完成老闆指派的任務,這是天經地義的,但並不是說經理人就沒有「管理」老闆的願望和想法。

經理人有自身「天然的劣根性」;同樣地,老闆相對於經理人來說,也有自身的缺陷和弱點。所以在工作過程中,經理人總會有一股「管理」老闆的衝動,就如老闆希望經理人能做得更好一樣,經理人也希望老闆做得更完美。

某經理人曾講過他自己「改造」老闆的故事。這位經理人做事比較強勢,他在進入企業前,會與老闆「約法三章」,要求老闆給予自己足夠的權力,但是在實際的工作過程中,老闆往往不能適應經理人的這種風格,總會忍不住去干涉經理人的工作和決策,因為這樣,這位經理人曾經「炒」掉了幾位老闆,讓老闆們極為頭疼。

但就是這樣一位經理人,他最終還是找到了一位能與他和諧相處的老闆,而這位老闆還是大家公認的脾氣差且作風

硬派的老闆。問起他的祕訣，他認為就是在老闆「改造」他的時候，他也同時「改造」了老闆。

例如，老闆喜歡插手他的工作，他不像其他經理人那樣，放手讓老闆參與進來，而是採取主動的措施，在老闆插手之前，他就先向老闆彙報工作，老闆一旦掌握了情況，自然就放心了。

又例如授權問題。老闆雖然答應了授權給他，但是因為老闆的猶疑，不會立刻放權，這位經理人從來不主動去向老闆要權，而是在工作遇到困難，需要授權的時候向老闆提出來，老闆自然而然就會放權。

再例如老闆的固執己見。因為老闆脾氣差，做事強勢，所以一旦遇到分歧，老闆往往就會固執己見。之前很多經理人在遇到老闆發脾氣時，會表現出怯懦，這反而會加重老闆的憤怒，而這位經理人只要遇到老闆發脾氣，他就會先把責任扛下，之後再單獨找老闆細說緣由，分析利弊，讓老闆覺得自己的決定欠妥，以發脾氣來強勢下令更不對。就是這樣，半年之後，老闆的脾氣好了很多，對別人的意見也能虛心聽取。

老闆之所以能夠成為老闆，他必然有其過人之處，但人無完人，老闆也一樣。經理人想「管」老闆，是因為老闆在大眾之下，大家似乎對他的弱點會看得更為清楚，而老闆的弱點和不足若不及時修正，不僅會給企業，也會給大家帶來

不利和損害，所以「管」老闆，其實也是在維護他們自身的利益。那麼，經理人想「管」老闆的哪些方面呢？

▶老闆「不良」的習慣和高高在上的心態

某企業原來在開會時，總是會有許多中高層管理人員不能準時與會，不準時的人都會說是為了處理某某工作而耽誤等理由，為此，老闆要求新來的分管行政的經理人制定一項制度來杜絕這種現象，於是該經理人很快擬出了會議管理制度，其中會議紀律中明確條列出遲到按每分鐘計時扣罰，老闆也覺得很好，很快便批准執行。剛開始一兩個月執行得很好，因為老闆遲到也會受罰，可沒過多久，老闆因為不能準時與會，便常常會透過祕書來通知大家會議推遲。如果是離開會還有一段時間的時候就通知大家還說得過去，可每每總是臨近開會前幾分鐘，大家都到齊了，老闆才讓祕書突然來通知說他有事沒做完，推遲十幾分鐘，反覆多次以後，大家便習以為常了；不到 3 個月，這項制度就沒辦法執行了。為此，經理人找到老闆說，「老闆，您的工作也應該有計畫性，否則會影響大家的工作。」沒想到，老闆不但不接受，反而批評該經理人：「你的事重要還是我的事重要？」

老闆和經理人，是站在不同角度看問題的兩類人。老闆在公司已習慣自己說了算，認為大家都應該圍著自己轉；而經理人認為制度面前人人平等，這是傻瓜都懂的道理。企業

要有規則，不就是靠制度嗎？經理人最先想到，也最容易做的就是想透過制度來管老闆，以制度來改掉老闆的不良習慣，以制度面前人人平等的原理來革除老闆高高在上、不受約束的心態。

▶讓老闆也能掌握一些科學的管理方法

經理人接受了專業的教育，他們習慣於按照計畫做事，習慣於運用學到的理論去解決問題，所以當他們遇到老闆「老土」的做事習慣和方式時，總會想要將這些科學的管理方法傳遞給老闆，以使老闆像自己那樣有原則地做事。

經理人的這種想法的出發點是好的，他們想要讓老闆變得更好，想要老闆的管理方式變得更加現代化、科學化。但一些比較固執的老闆就非常不接受這一點，這些老闆覺得：「這麼多年都過來了，我就是這樣領導大家的，不是很好嗎？」認為經理人那些理論太複雜，不見得有用，甚至老闆根本就沒耐心聽你解釋。

經理人本是好意，可老闆總是隨意打擊經理人的好意，經理人的情緒就會受挫，打擊多了，工作就慢慢會懈怠。

我在西元 2005 年初被獵頭介紹到一家當地知名的房地產企業任職。進去後深感吃驚，因為該企業雖然有名，但卻沒有工作計畫，也沒有績效考核，工作基本上靠老闆隨意點派。剛開始我提出了一套計畫目標和考核辦法，因為要老闆

帶頭考核副總，老闆覺得麻煩又受約束，所以態度上並不積極，後來我想辦法引進了一家諮詢公司，透過外來的專家，管住了老闆。因為花了不少的諮詢費，老闆覺得如果不按要求做，就可惜了一大筆費用。經過 3 個月的績效考核的推行，工作明顯有條理了，而且大家也越來越積極，現在，這家公司的老闆在每個季度一開始，最重視的就是一個一個親自考核他的直接下屬，考核面談也做得非常好，上下級關係透過科學的考核方法變得很融洽。而也正因為掌握了這個方法，即使他經常外出很長一段時間，工作還是會推進得令他滿意，平時他只要對關心的重大事項，多打幾個電話過問就行了。

這是一個借助外部力量成功管理老闆的典型案例。

▶一位專業經理人給老闆的辭職信 [9]

L 總：您好！

今天，當我不得不懷著複雜的心情提筆時，心中充滿了感慨和遺憾。算起來今天差不多是我上任總經理剛滿 5 個月的時間，其間的酸甜苦辣，一言難盡。儘管這 5 個月已經取得了我們公司歷史上最好的業績，但我還是決意離開，這種結局帶給我更多的是沉重和反思。

---

[9] 節選自網路。

一、反思走入公司的決策

1. 因為原因而接受了任命，而非因為目的 —— 我邁出的第一步就錯了

當初經過跟您和獵頭公司協商，我對公司進行了為期 3 個禮拜的調查研究，呈交管理診斷報告後我選擇了放棄。兩天後您親自開車到我家，而且告訴我，您組織過中層管理人員集體表決，一致透過聘我做總經理，並讓他們每個人簽了「軍令狀」：如果某一天因為新任主管的管理需要，調整或辭退他們，任何人不得有異議。我很感動，自感無法望孔明先輩之項背，無需三顧茅廬；也看您變革決心之大，告訴我已把權力完全下放，可以大膽放手地去做；還有一點是我的私心 —— 自大學畢業來 20 年一直在外漂泊，而我們公司所在正好跟我老家是同一個地方，種種複雜的原因讓我接受了這份工作。

問題恰恰出在這裡：是因為原因接受了任命，而非因為目的 —— 我邁出的第一步就錯了；而您則在各項條件尚未完備，尤其是在您沒有足夠心理準備的情況下，就匆忙引進了一個總經理。

進入公司兩個月後，在逐漸意識到公司過度注重短期效益，授權也遠不夠充分時，我提出了離職，是您的誠心再一次打動了我。是啊！來的時間畢竟太短，完全放權也存在風險，公司失敗不起，而員工的渴望、管理的現狀也確需引進

外聘的高管；而我同樣也失敗不起，身為從業多年的職業經理，更不願意輕易看到自己的失敗。

2. 您需要的不是總經理，而是一個總經理助理或者執行副總

企業發展之初，老闆的主要管理方式是靠人治。當企業十幾、幾十個人的時候，所有情況都能一目了然，問題一句話就能解決，但當組織規模擴張到上百人的時候，自己那雙眼睛已經遠遠不夠用了，所到之處滿眼都是問題，而且說個十遍八遍都不管用，就連睡覺都得睜一隻眼睛。您招聘我的目的不僅因為自己飛得太高太絕，感覺那些熟悉得連乳名都能隨口叫出來的老員工已跟不上自己的思路及企業的形勢，還希望借他人之手革除組織的痼疾，又能避免被人說成是炮打慶功樓的朱元璋似的領導者。

今天看來，我們雙方的定位沒有從根本上取得一致。您是想透過一個外聘的高管貫徹自己的管理思路，您需要的不是總經理，而是一個總經理助理或者執行副總。現在只是為了要讓我進來，而冠了一個總經理的名頭 —— 儘管您對此一直諱莫如深。

但我們配合的最大問題在於，老闆您希望透過一個職業經理去改變下屬時，卻沒有意識到系統問題的根源大多出在自己身上。職業經理依之，將因錯位導致捨本逐末；反之，試圖改變老闆的結局，往往注定失敗的是自己。

因此，我們公司要招募高管，必須在您認識並接受、改變自己的時候。

二、反思策略思路的配合

一個企業的策略要能夠領導整體，是企業發展之大綱。策略是在企業使命的基礎上，充分分析優勢、劣勢、機會、威脅等綜合因素，並配備必要資源的結果。換言之，企業不同的發展階段需要配合不同的策略。

1. 今天成功的經驗，有可能是明天失敗的根源

先看一下我們公司的部分營運目標和問卷調查數據。

（1）幾個主要營運目標：西元 2008 年銷售額較上年增長 -10.7%，西元 2009 年增長率則為 2.3%；品質方面，西元 2009 年配套產品退貨率為 13.8%；成本方面基本變化不大；交貨期則沒有統計數據。

（2）下面是摘錄的部分調查問卷、訪談和檔案紀錄的數據：了解公司策略規劃的員工占比為 3.8%、認同企業而留下的占比為 5.1%、員工公平滿意度為 29.4%、越級指揮率 74.5%、檔案執行率 13.4%。

近幾年業績停滯的原因全在這裡：營運目標只是結果，問卷調查的數據才是原因。您對診斷報告是認同的，我們也不只一次溝通過，企業由快速增長變成停滯不前，已經說明企業發展遇到了瓶頸，長痛不如短痛，趁現在企業效益還好，市場還給我們喘息的機會，應盡快把工作重心放到規範

基礎管理上，否則受技術、人員素養、管理水準、執行力等諸多因素的限制，在品質、交貨期無法徹底保障的情況下，我們供貨越多風險越大，等到我們的品牌信譽出了問題再去補救，就為時已晚！

事實上，在我進公司不久，您重新調整了未來的年度目標。這個目標是在前三年業績停滯的情況下，銷售額增長32.8%。

回顧一下我們公司發展的歷史，我們企業的發展，得力於老闆您敏銳的市場洞察力和廣泛的社會資源，我們是在業界競爭力極其弱小的情況下，借火爆的形勢，靠低端產品和價格優勢迅速膨脹起來的，我們賴以成功的成長模式就是複製規模。

儘管您嘴上承認規範管理為第一要務，但內心似乎更偏好規模效益，做得更大，然後更強。但是，做大還是做強，要看企業發展的階段，不是憑感覺或拍腦袋出來的。今天成功的經驗，有可能是明天失敗的根源。

2. 老闆的格局決定一個企業的策略，有什麼樣的策略就會有什麼樣的企業

我曾在競爭比較激烈的行業工作過，深刻理解殘酷的市場競爭意味著什麼。不用跟家電業比，即使跟普通競爭狀況的產業相比，我們的生存都是問題。今天汽車配件產業的競爭形勢已經從藍海跨入紅海階段，但我們的思維還未從根本上轉變。

　　包括您在內的眾多元老對此不以為然，企業為了快速賺錢難道還錯了嗎？要這麼說，那我們的孩子為什麼不高中畢業就去工作，而要選擇上大學？上大學不僅不賺錢，每年還要花費近百萬元！

　　也許我們思路相悖的原因在於，在老闆您的眼裡，企業從無到有，是自己一點一滴心血的結晶，您對待公司更像是對待自己的孩子，尤其隨著規模的發展，對企業命運擔憂，可謂如履薄冰，容不得半點閃失，導致在策略決策的風險評估和選擇上，傾向於經驗，避免失敗。

　　但我一直在想，當產業形勢迅速逆轉後，我們怎麼辦？我們的核心競爭力在哪裡？靠技術、管理、市場資源，還是價值鏈？我們都沒有優勢可言！

　　老闆的格局決定一個企業的策略，有什麼樣的策略就會有什麼樣的企業！

　　三、反思對工作的推動

　　一個企業的成功 80% 在於執行力，優秀的執行力可以彌補和發現策略的失誤。而我們公司有一個很奇怪的現象：同一件事情，由不同的人安排會出現大相逕庭的結果。下面從公司最基本的幾個方面，分析一下我們不能有效推動工作的原因。

　　1. 只換一個工頭，想領著原來一幫蓋草房的泥瓦匠蓋起高樓大廈是不可能的

　　一個公司，組織結構的確定要服從於公司的整體策略，然後根據企業發展的需要進行職位分析，進而把合適的人員選拔到合適的職位。而在我們公司，核心權力層都是跟隨您10年以上的老部下，如果這不是問題，那您身邊的司機，陸續做了部門經理、副總經理的時候，還感覺不出其中的問題嗎？感恩的方式有多種，如送出去深造，對彼此不是一種更負責任的做法嗎？當然，也許問題出在了因為待遇而匹配了相應的職位。

　　建築學中有一個很具體的比喻：只換一個工頭，想領著原來一幫蓋草房的泥瓦匠蓋起高樓大廈，簡直是天方夜譚，除非隊伍素養提升，或者服從統一指揮，可這在我們公司卻難以實現。

　　2. 老闆不是消防隊長

　　在公司部門倫理的管理上，您遠沒有意識到越級指揮對一個企業帶來的危害。您對公司的情感是任何人無法比擬的，您喜歡事必躬親，對企業無比了解，甚至哪個角落有個螺絲，您都清楚；當您看到工人維修效率太低，挽起袖子就下手，或者認為哪個地方需要調整，現場就調動起資源。效率倒是有了，但結果是連他們的主管都不知情，原有的計畫也被打亂。試想，老闆您擔任了多年的「消防隊長」，其結果是不是「火勢」越來越大？問題也像您的手機一樣變得越來越多？對此我曾不只一次跟您溝通過，您也意識到其中的問

題，但您認為自己就這個脾氣。

3. 一個個被架空的主管，員工會服從他們的管理嗎？當基層都可以不服從安排，企業會是一個什麼樣的局面？

人事權的控制，將決定一個管理者的權威。我曾當過兩個不同類型企業的總經理，雖不敢說取得過什麼成就，但至少使品牌躍升至前幾位。我非常清楚變革的艱難程度，在千名員工中近 1/4 是夫妻的複雜環境中，一招不慎甚至連自己怎麼「死」的都不知道。在我們公司，人力資源部經理要接受雙重領導，人事調整過分艱難 —— 在生產系統內部一個工廠主管的任用上，其業績表現已明顯不適合這個職位，我建議其直接主管予以調整，主管說：「自己早想調整，但此人是您不久前直接任命的，強行調整會帶來一連串的問題。」我曾三次跟您溝通過，但最終的結果是人事變動，我事先都不知情：在其出問題後，您一怒之下當眾拿下。如此一來，他的直接上級權威何在？部屬有必要在乎他們嗎？一個個被架空的主管，員工會服從他們的管理嗎？當基層都可以不服從安排，企業會是一個什麼樣的局面？

您告訴我，不聽就狠罰。罰款就能解決所有問題嗎？當罰款帶來更艱難配合的局面下，對這些陽奉陰違的部屬怎麼辦？

4. 法之不行，自上犯之

讓一個人執行不太願意做的事情時，只有兩個辦法：一

個是透過溝通改變其觀念，二是如果不執行意味著將出現其擔心的後果。在紀律規範的過程中，為了有效推行企業的一系列舉措，我首先實施了部分贏得民心的措施，然後草擬了十條企業基本規範，讓員工充分分組討論修訂、全員學習、考試並排名獎罰、執行日期事前公布、負責人處理、部門主管違紀率排名、定期張榜公布等，同時為了有效推動，實施了檢查和處罰兩權分立，並階段性借用新入職人員進行檢查。感謝您在這一點上的大力支持，實際看到的結果是，一路下來被罰的幾乎都是一些主管，還有您倚重的那些員工，而公司紀律也隨之出現空前的好轉。

但問題出現了，很多人開始提出異議，穿工作服重要嗎？開會時接手機會影響企業效益嗎？還不如把精力放到多生產一個配件上。在元老們的眼裡，他們就是把太陽叫出來的公雞，企業是他們拚死拚活賺來的，大家拚來拚去拚到最後卻突然發現一個陌生人僅憑那點所謂的資歷就在坐享其成，不僅高高地坐在他們的頭頂上，而且還要享受著他們為企業辛苦半生都無法企及的待遇，內心會產生極端的不平衡，恨屋及烏，自然對新推行的一些政策極具牴觸情緒，而更要命的是您的態度也隨之開始動搖。其實我的目的在於給員工一個資訊——從現在起，凡是新頒布的規則都會以此為例，以便為將來推行新的管理制度鋪平道路。心理學中，這叫「首因效應」或「第一印象」。

另外，還有企業文化建設與衝突等種種面相沒有在這裡提及。

以上種種問題，身為老闆您心裡也非常清楚，而且感受頗深，甚至對下面一個個小圈子恨得咬牙切齒，但面對那些元老，您想變革又不能不投鼠忌器，導致這些棘手的問題一拖再拖。

也許原因在於您承載了一個企業矛盾的核心，既有自身理性和感性的矛盾，也有自己超前思路與原有滯後管理團隊的矛盾，還有與外聘高管管理思路和文化的衝突，還要面對各種矛盾的平衡，不同力量博弈的結果往往成了判定決策執行的依據；而更深層的原因在於，對新招來的人，除了不放心外，潛意識裡總希望看到自己的某種影子，既想管住他，按自己的思路運作，又想讓他做好。種種原因導致了牽而不放，或者收收放放。

故此，公司的變革必須在您痛下決心的時候才能實現！

四、反思如何對一個管理者進行評價

我們的根本分歧在於：缺乏統一的價值評判標準。

管理中有一個很耐人尋味的數字，一個部門對某人的評價，如果其中有 30％ 的員工說好、50％ 員工不了解、20％ 的員工說差，按理說「人無完人」，這個人應該還是不錯的，但事實上這種比例帶來的結果卻是近 70％ 的人認為這個人不怎麼樣。原因是影響切身利益的那些人會不遺餘力地大肆宣揚

某人如何差勁，而認為不錯的那些人是很少主動站出來糾正的，最後，那些不明真相的員工也就自然傾向於輿論宣傳者的觀點。

現在我把任職期間與去年同一時期的幾個指標簡單對比一下：去年同期每月人均產量957個，我任職期間每月人均1,158個；人均產能增長率約為21％；產銷比率為98.7％；品質指標也由原來的總成本率93.6％提升為95.7％。人均產能、產銷率、品質、成本等指標均創公司歷史最好紀錄。按說這些指標的取得，不應該成為否認我系列措施的理由，事實上，我錯了！

我們對一個管理者的評價不是看業績數字，而是就事論事，憑感覺。

我知道，您耳朵裡每天塞滿了各式各樣的聲音，您知道嗎？您的一個家庭會議，其影響程度超過我幾個會議的總和不止。我知道您喜歡聽這些聲音，兼聽則明，這本身沒有錯，但那些彙報者如果真正想解決問題（不含投訴），為什麼不直接找他的上級？而您又總是在有意無意地尋找支持您信念的資訊。

記得我曾跟您探討過N次，這個世界上，任何事情沒有絕對的對與錯，不是看過程，而應該放到某個特定的目的或環境中。這就是現實中為什麼不同人在同一件事上有不同的見解的原因；而做同一件事，在某一個階段可能是正確的，

而在另一個階段可能就錯了。

　　也許，我們職業經理只是站在績效的角度上看問題，績效上去了就自以為成功了；而老闆您更關心某種決策給組織帶來的後果，評價是建立在資訊傳遞者評價的基礎上。

　　在對待具體問題的處理上，職業經理往往認為有益於企業發展的就要堅持，錯誤的就堅決否定；而站在老闆的角度上，有時即使明知職業經理的做法正確，出於各種因素的考量，也會斷然否定，哪怕是把他犧牲掉。

　　多年的外商經歷一直促使我思考，是什麼原因導致了國內企業的平均壽命不足 2.9 年？也許現階段大多數企業需要的不是如何去創造成功，而是首先要懂得如何才能避免失敗。這或許也是我們國家培訓產業的悲哀。

　　L 總，這次我離意已決。我真的太累，本來很多輕而易舉的事情，在我們公司我卻無能為力。每一項措施的推行都讓我精疲力竭，到頭來卻多是半途而廢，面對政策的隨意性，我不知道接下來該怎麼做？先要適應然後改變，談何容易！那種緩慢的流程更讓我怕將來某一天成為公司的罪人。也許身為第一任外聘的總經理，本來就很難打破短命的魔咒，與老闆彼此陌生也是一種常態。

　　我的離開不是為了證明誰對誰錯，那毫無意義，管理上也沒有哪一種理論界定某種思路就一定對或錯。如果老闆不對，就不可能有今天企業的成功。我只是對公司未來的命運

充滿了深深的憂慮，希望透過這次離職促使彼此深入的思考，或許能對公司的穩健發展有所裨益。

我懷著極其複雜的心情，懷著對公司和您的感念，懷著希望公司成為百年品牌的良好願望，一口氣寫了這麼多，說的不一定對，卻是我的肺腑之言。

感謝這5個月來對我的關心和照顧，您的心地寬厚、雷厲風行和敬業精神讓我由衷敬佩。為了避免給企業造成一些不必要的負面影響，您可以考慮用一種有利於公司的方式讓我退出。

再次感謝！

第 2 章
傾聽，讓管理更高效

在老闆與經理人的相處中有這樣的現象：經理人正在向老闆彙報工作，突然老闆的電話響了，老闆於是打斷經理人的彙報，自顧自地接起電話來；經理人彙報工作時，還沒說幾句，老闆便以為自己明白了：「你不要再說了，我知道。」剛說到重要的地方，老闆突然接過話自己說起來，經理人只剩下聽的份。老闆根本沒有耐心，只想把自己的想法告訴經理人，而且總認為自己是對的。

某董事長曾經講過他自己的故事。當他剛剛退出公司的具體管理事務時，公司的總經理每天都來向他彙報工作。剛開始的幾天，他聽總經理彙報到一半，就知道他後面要彙報什麼了，所以自己接過話題就說起來，總經理只剩聽的份了；每當自己說出的內容和總經理要彙報的工作內容一致時，總經理就很驚訝地說：「這是我們剛剛開會決定的，你沒有參加會議，怎麼知道呢？」

某董事長聽了之後很高興，他覺得自己不參加公司的會也知道管理層在幹什麼，這說明自己還是對公司瞭如指掌的。不過，這樣的情況持續了幾次後，總經理的情緒就受到

打擊了，因為他每次來向自己彙報的工作內容，自己總是聽到一半就自顧自講起來，根本不需要經理彙報 —— 這讓總經理沒有任何的成就感，既然董事長什麼都知道，那自己彙報工作是為了什麼呢？

受到這樣的打擊，總經理彙報工作就沒有以前那麼積極了，有時候他甚至只說幾句就等著董事長打斷。董事長很快就意識到總經理不積極的問題，他立刻改變了自己的策略，只要總經理來彙報工作，自己就忍著不講話，實在不行，就透過肢體動作，或者言語語氣來控制自己，過了一段時間，總經理的熱情終於又回來了，因為他發現自己在彙報工作的時候，董事長開始尊重他了。

這名董事長在後來回憶這件事的時候，非常感慨。身為剛剛退出公司具體管理事務的董事長，他一時之間無法適應自己閒著沒事做的狀況，所以在總經理彙報工作的時候，沒有耐心傾聽，總想著自己去參與和掌控，但是這一舉動反而影響了總經理的工作積極性。

難怪總有經理人大聲直呼：「老闆，您能聽我說嗎？」這句話裡，經理人對老闆不善於傾聽的無奈和痛苦表現得淋漓盡致。沒有一個經理人不想老闆能安靜地坐下來，認認真真地聽一聽自己的彙報、自己的想法，只有在傾聽中，經理人才能與老闆實現良好的溝通。

但是為什麼老闆不善於傾聽經理人呢？這裡面有幾個原因，如圖 5-1 所示。

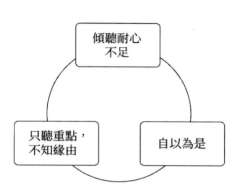

圖 5-1 老闆不善於傾聽的原因

1. 老闆通常很忙，他們傾聽的耐心不足。

2. 老闆總想一下子就聽到重點，但是實際上沒有接觸到事件的脈絡，就會搞不清楚重點為什麼會成為重點。經常只聽重點的老闆往往會把責任推到經理人身上，從而更加不願意聽經理人彙報。

3. 老闆往往「自以為是」，想在經理人面前證明自己對企業的情況瞭如指掌。很多老闆覺得經理人彙報的工作自己都知道，為什麼要聽經理人講呢？老闆自己講出來，不但能夠獲得參與感，還能讓經理人明白：「不要騙我，我什麼都知道。」其實老闆都忘了，經理人彙報工作，老闆傾聽，這是一個潛移默化的溝通過程，在這個溝通過程中，老闆能夠了解到經理人的想法，而經理人也能從老闆的態度中發現自己工作的成就和得失。

▶傾聽是最好的溝通，實現高效

有這樣一個故事：在美國芝加哥有一個製造電話總機的工廠，在這個工廠裡，工人的待遇都很好，公司的醫療制度、娛樂設施等保障著工人的生活，他們生活無憂。這在別人看來是非常幸福的，但是該廠的工人卻不滿意。

這是為什麼呢？經過一系列的研究，專家發現，當有人專門去傾聽工人對工廠的意見的時候，工人的效率提升了。但是，企業在聽到工人的這些抱怨和不滿的時候，並沒有解決問題，那為什麼工作效率提升了呢？

這是因為工人在長期的工作過程中，心裡積攢了很多抱怨和意見，而這些抱怨和意見無處發洩，所以影響了他們的工作效率。當工廠專門派人去傾聽工人的意見時，工人感覺自己受到了重視，工作積極性就提高了。這就是著名的「霍桑效應（Hawthorne effect）」。

老闆和經理人在相處過程中，也存在著「霍桑效應」。就像某董事長和他的總經理那樣，當老闆不在乎經理人的彙報時，經理人的想法就沒有辦法完全表達出來；當老闆打斷了經理人講話，經理人的積極性就受到了壓制，他感受不到老闆的尊重和重視，感受不到自己的價值，工作效率自然不會高。

懂得適時傾聽經理人的老闆遠遠要比總是誇誇其談的老闆更有智慧，也更受歡迎，因為只有認真傾聽，老闆才能發

現問題，從而對症下藥地解決問題。而老闆要做到真正的傾聽，就必須先閉上自己的嘴，控制自己插話的衝動，在經理人講話的時候全神貫注，並對經理人的講話內容表現自己應有的態度：有時表示顧慮、有時表示理解、有時表示疑惑、有時表示喜悅。

只有當經理人完全把自己的觀點表達完以後，老闆才可陳述自己的意見，不然的話，可能會引起激烈的爭論，以至於談話不投機，影響工作的正常進行。

所以，在溝通過程中，老闆不能滔滔不絕地講個不停，要學會透過傾聽去溝通，透過傾聽去建立自己的威信，構建與經理人的良好關係。

▶傾聽可以了解真相，避免誤會

假設這樣的情況：老闆發現經理人最近一段時間工作不積極，業績也遲滯不前，他立刻叫經理人前來責罵一頓，並下命令，下個月的業績必須達到某個標準。這位經理人下個月的業績會達標嗎？答案是不一定。

因為老闆根本沒有弄清楚經理人為什麼最近的業績遲滯不前，在經理人向老闆彙報工作的時候，老闆也沒有從中發現經理人工作不積極的原因。這說明老闆根本不關注經理人的情況，在他的眼裡，他只關注業績。

某經理人連續兩個月的業績出現了下滑，老闆看到工作

彙報表時正因為其他原因在生氣,所以他根本沒有問為什麼,就把經理人批評了一頓,批評完畢後,經理人想向老闆解釋一下原因,剛說了幾句,老闆就打斷了經理人,因為他覺得經理人在為自己業績下滑找藉口。

經理人覺得老闆可能是在氣頭上,此時解釋也有些不合適,想在下班後找老闆做些溝通。下班後,經理來到了老闆的辦公室,想向老闆解釋一下原因,但是經理剛說了幾句話,老闆就粗暴地打斷說:「業績下滑了,你不用解釋。」這讓經理人非常尷尬,他只好閉口走開了。

其實,老闆早忘了,前段時間正是他安排經理人額外負責另一個專案,因為專案並沒有結束,業績一時展現不出來。再說,外加專案已經增加了經理人的負擔,導致他苦不堪言。

老闆不願意傾聽、沒有時間傾聽,或先入為主選擇性地聽,這些毛病已經成為阻礙他和經理人和諧相處的絆腳石。一旦因為溝通問題出現矛盾,老闆和經理人都覺得自己非常無辜 —— 經理人抱怨老闆根本不聽自己說,而老闆又抱怨經理人沒有說清楚。像這位老闆,如果認真聽一聽經理人的解釋,也許問題就迎刃而解了,也不至於使情況變得更糟。

▶傾聽中的幾大技巧

為了讓老闆的管理更高效,避免溝通過程中的誤解和衝突,老闆必須注意傾聽,而要做到真正的傾聽,老闆就應該

注意一些傾聽的要領。只有注意了這些要領，經理人在想什麼，他想要幹什麼，老闆才能掌握得一清二楚。

鼓勵經理人先開口

傾聽是一種素養，只有願意傾聽別人說話，才表示我們樂於接受別人的觀點和看法。鼓勵經理人先開口，這會讓經理人有一種備受尊重的感覺，有助於老闆和經理人之間建立和諧、融洽的工作關係。當然，鼓勵經理人先開口可以培養開放融洽的溝通氣氛，有助於雙方友好地交換意見，最重要的是，鼓勵經理人先開口說出他的看法，老闆就有機會在表達自己的想法之前，掌握雙方意見一致之處。

善於理解經理人

在傾聽的過程中，老闆一定要嘗試著盡量去理解經理人，要在聽清經理人全部資訊的情況下再發表自己的看法和意見，而不是聽到一半的時候就心不在焉，急著做出決定。而要做到這一點，就需要老闆在傾聽的過程中，注意整理出經理人談話的一些關鍵點和細節，要能從中聽出經理人說話時的感情色彩。傾聽並不只是語言上的交流，要想全面理解經理人在表達什麼，老闆還要注意傾聽經理人的身體語言，防止被「矇騙」。

控制好老闆自己的情緒

老闆在與經理人交談的過程中，可能會涉及一些與自身利益有關的問題，或者談到一些能引起共鳴的話題。這時要切記，千萬不要搶過話頭自己「反客為主」，經理人才是交談的主角，即使老闆有不同觀點或很強烈的情緒體驗，也不要隨便表達出來，更不要與之發生爭執，否則很可能會引入很多無關的細節，從而沖淡交談的真正主題或導致交談中斷。

既要適時真誠讚美，又要適時提出疑問

在與經理人談話的過程中，如果經理人說出的見解精闢、表達的資訊很有價值，老闆要即時予以真誠的讚美，而不是沒有任何表示。傾聽中，恰當的回饋是達成高效對話的重要因素，良好的回應可以有效地激發對方的談話興致。

當然，能讚美，也要能質疑。如果一味對經理人表示肯定，也達不到高效，這個時候打斷經理人的講話，並不是不禮貌，而是為了更好地溝通。所以，老闆在傾聽過程中要適時地提出一些切中要點的問題或發表一些意見和看法，來響應經理人的談話，如果有聽漏或不懂的地方，要在經理人的談話暫告一段落時，簡短地提出自己的疑問之處。

所以說，老闆無論在任何時候，都要善於傾聽，讓傾聽成為自己強而有力的管理方法。當經理人在談話中感受到尊重和重視的時候，他「管」老闆的心理就會得到進一步的滿足，工作起來自然更有效率。

第 3 章
守時也是一種領導力

　　企業的核心競爭力之一，就是企業的員工能否團結，並為了企業的集體利益團結打拚。這種競爭力是對手難以學到的，這是企業長期以來練就的「內功」，而這種「內功」有多深，其代表之一便是企業與員工的互信程度有多大。

　　對老闆和經理人來說，兩者合作的緊密程度影響著整個企業的競爭力。如果連老闆和經理人的關係都不和諧，那還有什麼資格要求其他員工具備團隊合作能力呢？

　　而影響老闆和經理人合作緊密程度的其中一個因素，就是守時。老闆常常要求經理人和其他員工準時上班，而自己卻從來沒有準時過；老闆要求會議開始時，所有人必須準時與會，可最後遲遲不來的，卻總是老闆自己；老闆讓經理人某一個時刻向自己彙報工作，而當經理人準時到來時，老闆卻說「你等等。」結果經理人一等就是好幾個小時。

　　要求別人做到的，而自己偏偏做不到，這是很多老闆最真實的寫照。老闆的不守時，不但影響了經理人的工作進度，更影響了整個團隊的執行力和凝聚力。

　　生活中，守時是對別人的一種尊重，也是個人品德的一

種展現 —— 一個守時的人，總能讓別人覺得可靠。老闆如果經常不守時，就會給經理人和員工留下不可信的印象，長此以往，老闆的威信必然大打折扣。其實，老闆和其他人一樣，有時候會因為臨時有更重要的事情需要處理而耽誤了時間，這個時候，老闆應該做的是事先即時讓祕書向對方打個招呼：請某某再等幾分鐘，或改個時間等等，這樣一來，身為下屬自然也能理解老闆的苦衷，也會認為老闆是個守時守信之人。

所以，老闆一定不能小看了守時的重要性。守時事關老闆的威信和形象，它是一種容易被老闆忽視的領導力（如圖 5-2 所示），老闆要想成為更好的老闆，不守時的毛病就必須改掉。

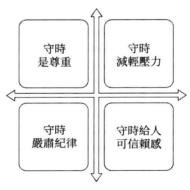

圖 5-2 守時的重要性

▶守時是一神尊重

守時的老闆首先能夠贏得別人的尊重，所謂「人敬我一尺，我敬人一丈」，當老闆懂得尊重經理人的時候，經理

人自然也會回報老闆以尊重。在實際生活中，我們常常遇到這樣的情況，老闆對做為下屬的經理人不守時是較普遍的一種現象，而且老闆也不在乎；但有時候，如果經理人委婉提醒老闆要守時，這意味著老闆的不守時已經讓經理人有些不能接受了。如果老闆還我行我素，就會影響他與經理人的關係。

經理人是老闆命令的執行者，如果老闆因為不守時丟掉了威信，那經理人有可能就出現搪塞或者消極對待老闆的情況。如此一來，企業的發展堪憂。

如果老闆的不守時暴露在客戶面前，就會直接影響企業的形象。老闆對經理人「爽約」也許問題不大，但是如果對客戶「爽約」，就可能會為公司帶來損失。

▶守時能夠減輕經理人的壓力

老闆不遵守約定，常常打破計畫，這就會給經理人帶來巨大的壓力；同樣地，老闆如果不守時，也會帶給經理人很大的壓力。

經理人與老闆約定 19：00 彙報工作。經理人還準備彙報完工作後整理一下明天的任務計畫，然後回家陪家人看電視，增加一點與子女的相處時間。但是老闆不守時，讓經理人等到了 23：00 還沒有動靜，經理人所有的計畫都一下子泡湯了，為了在明天按時安排工作，經理人或許需要連夜趕

製計畫，或者是第二天早起趕製計畫。等經理人回到家的時候，家人都已經休息了。

老闆的嚴重不守時便引發了連鎖反應，經理人工作沒能按時完成，家人也陪伴不了。經理人的工作和生活壓力瞬間增大，他該怎麼辦？只好加班加點完成工作了，而加班又會持續惡化他的家庭關係，家人長時間缺乏陪伴，他們必有怨言……

也許老闆會覺得：「我比經理人還忙呢！我也有家庭。」但這並不是老闆不守時的理由。老闆統籌整間公司，即使是臨時有事，耽誤了既定的計畫，他也應該善於變通，提前改變約定時間，而不應該不在乎讓別人等待。

總之，不管是老闆的哪種不守時，除了增加經理人的壓力，還會讓老闆自己戴上說話不算數的帽子，領導力必然大打折扣。

▶守時可以嚴肅紀律，造成示範作用

任何時候，老闆的一言一行都對下屬員工有著巨大的影響力。當公司制定了規範，而老闆卻帶頭打破規範時，下屬就有了不遵守的藉口。

在企業中，老闆都要求下屬守時，希望能隨叫隨到。如果老闆叫下屬而下屬不到，或下屬不守時，老闆就會對他們又罰又罵，下屬還不敢吭氣；但是對老闆來說，自己不守

時，不遵守規矩，卻可能沒有任何的懲罰。自古都有「天子犯法，與庶民同罪」的道理，更別說是在現代企業中了。

很多老闆總是煩惱自己為什麼管理不好企業，為什麼自己企業的員工紀律鬆散，做事拖拖拉拉，沒有執行力，他們非常羨慕那些具有超強執行力的企業。但這些老闆卻沒有從自身找問題，也很少反省自己，殊不知，那些執行力高的企業都是因為具備嚴明的紀律，所有員工做事都有規矩可循，他們的老闆也能成為模範帶頭作用。

在戰場上，為什麼將領振臂一呼就能獲得所有將士的應和？為什麼只要將領在最前面衝鋒，將士們都會奮勇向前，毫不畏懼？因為將領能夠身先士卒，具有強大的威信。老闆就像是戰場上的將領，如果老闆總是不守時，總是破壞規矩，連示範帶頭作用都做不到，那下屬怎麼會積極主動？

如果老闆有不守時的習慣，那就更應該接受經理人的「約束」，讓這個不良習慣盡快改掉。

▶守時給人可信賴感，能振奮員工精神

每位領導者都會要求別人守時，都會對別人的不守時感到不滿，但是往往會忽略了自己的不守時行為。毋庸置疑，在我們的生活中，每一位成功的老闆都必然是非常守時的人，他們準時出現、迅速地回覆別人的問題，他們給別人的印象是可靠、可信賴的。

　　守時的老闆意味著他從來不浪費其他人的時間，也意味著他一直認為其他人的時間與自己一樣的重要。老闆即時回覆經理人的問題，就能夠讓經理人清楚他下一步如何工作。

　　一個守時的下屬，往往更能得到上司的信任；同樣地，老闆守時，也更能得到下屬的擁戴。守時，不僅是增強下屬對老闆信任的一個指標，更是展現老闆領導力的重要因素！

　　守時，既尊重他人，也尊重自己。

　　老闆對下屬守時，不僅是美德，更是一種領導力的展現。

電子書購買

爽讀 APP

國家圖書館出版品預行編目資料

雙向領導，重塑老闆和專業經理人的動態關係：
在共識和創新中快速成長，建立互信共贏的新方
向 / 謝日暉 著 . -- 第一版 . -- 臺北市：財經錢線
文化事業有限公司 , 2024.04
面；　公分
POD 版
ISBN 978-957-680-822-7(平裝)
1.CST: 經理人 2.CST: 企業領導 3.CST: 組織管理
4.CST: 職場成功法
494.2　　113002976

雙向領導，重塑老闆和專業經理人的動態關係：在共識和創新中快速成長，建立互信共贏的新方向

臉書

作　　　者：謝日暉
發 行 人：黃振庭
出 版 者：財經錢線文化事業有限公司
發 行 者：財經錢線文化事業有限公司
E - m a i l：sonbookservice@gmail.com
粉 絲 頁：https://www.facebook.com/sonbookss/
網　　　址：https://sonbook.net/
地　　　址：台北市中正區重慶南路一段六十一號八樓 815 室
Rm. 815, 8F., No.61, Sec. 1, Chongqing S. Rd., Zhongzheng Dist., Taipei City 100, Taiwan
電　　　話：(02) 2370-3310　　　傳　　　真：(02) 2388-1990
印　　　刷：京峯數位服務有限公司
律師顧問：廣華律師事務所 張珮琦律師

-版權聲明

　本書版權為文海容舟文化藝術有限公司所有授權崧博出版事業有限公司獨家發行電子
書及繁體書繁體字版。若有其他相關權利及授權需求請與本公司聯繫。
　未經書面許可，不可複製、發行。

定　　　價：375 元
發行日期：2024 年 04 月第一版
◎本書以 POD 印製